01 用符咒來擊退惡鬼 墳場迷宮

要一邊用符咒來擊退惡鬼，一邊沿路走向終點。按照右圖的指示，使用合適數量的符咒來擊退惡鬼。如果符咒的數量不足，就擊退不了惡鬼，不能通過了！此外，有墳墓的地方是死路，一樣是不能通過的。緊記你每個地方只可以走一次啊！

擊退惡鬼所需要的符咒數量

1張 2張 3張 5張

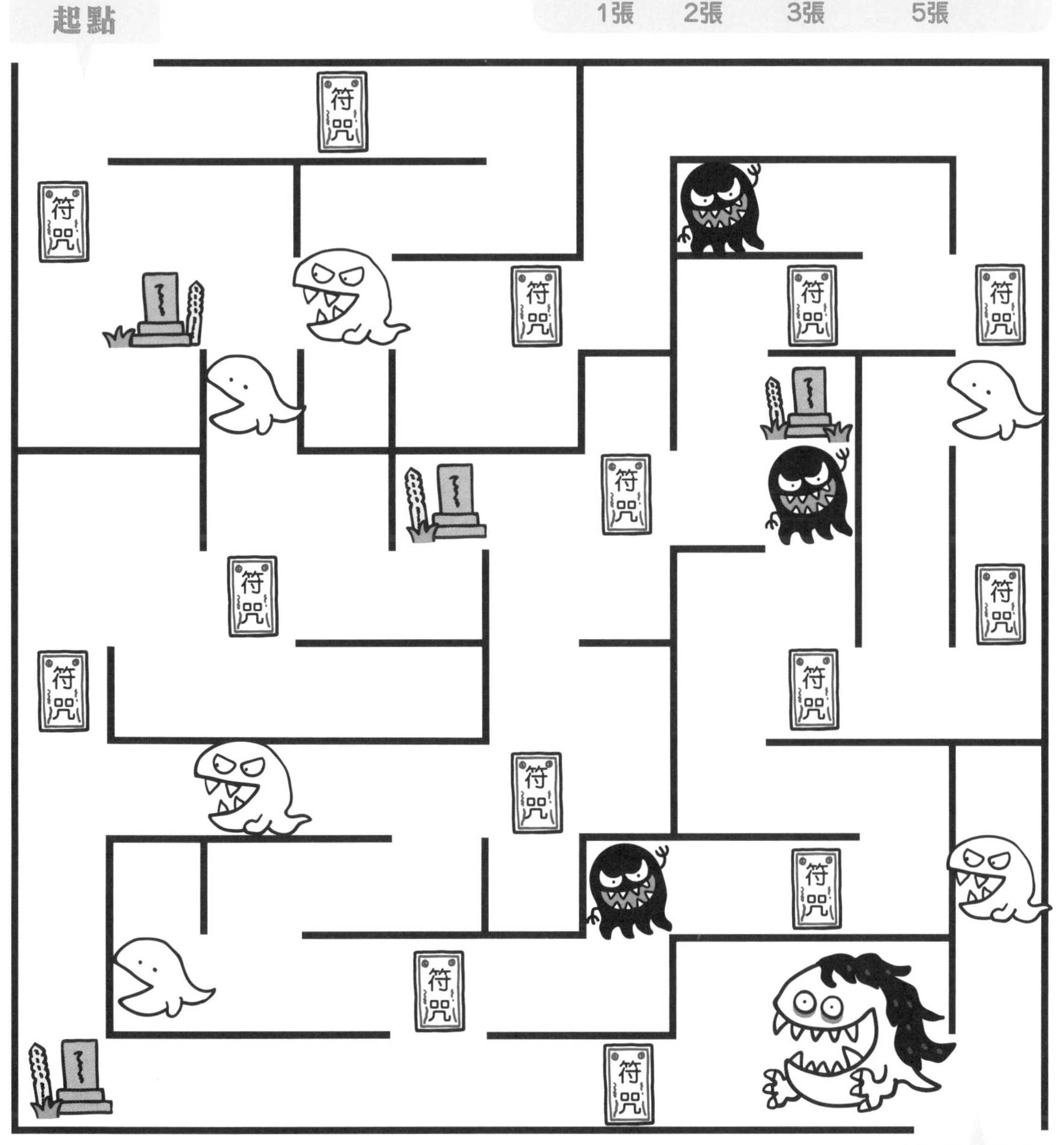

答案在45頁

02 腦力大考驗！一筆過迷宮

由起點開始，一筆穿過所有線直到終點，中途不可以重複。

答案在45頁

03 小心！不要被老師發現，快快走到終點吧！

逃離學校迷宮

你要在不被老師發現的情況下走到終點！按照右圖的指示，看清楚這三位老師的監視範圍，還要注意老師看着的方向。緊記你不可以斜走，也不可以重複走相同的路！

老師的監視範圍

什麼也不太注意的老師，只會監視前面的2格！

戴着眼鏡的老師，可以監視到前面的3格！

拿着望遠鏡的老師可以監視前面的5格！

	1格	1格	可以通過
	老師的監視範圍		

起點

實驗室

音樂室

小食部

兔子園

終點！

答案在45頁

04 小心不要弄破冰層！

冰上迷宮

越過結冰的湖面，去救對面的小貓吧！救了小貓後，你要走回終點才算完成！由於那些冰容易破裂，所以你回程時不可以重複走相同的路。

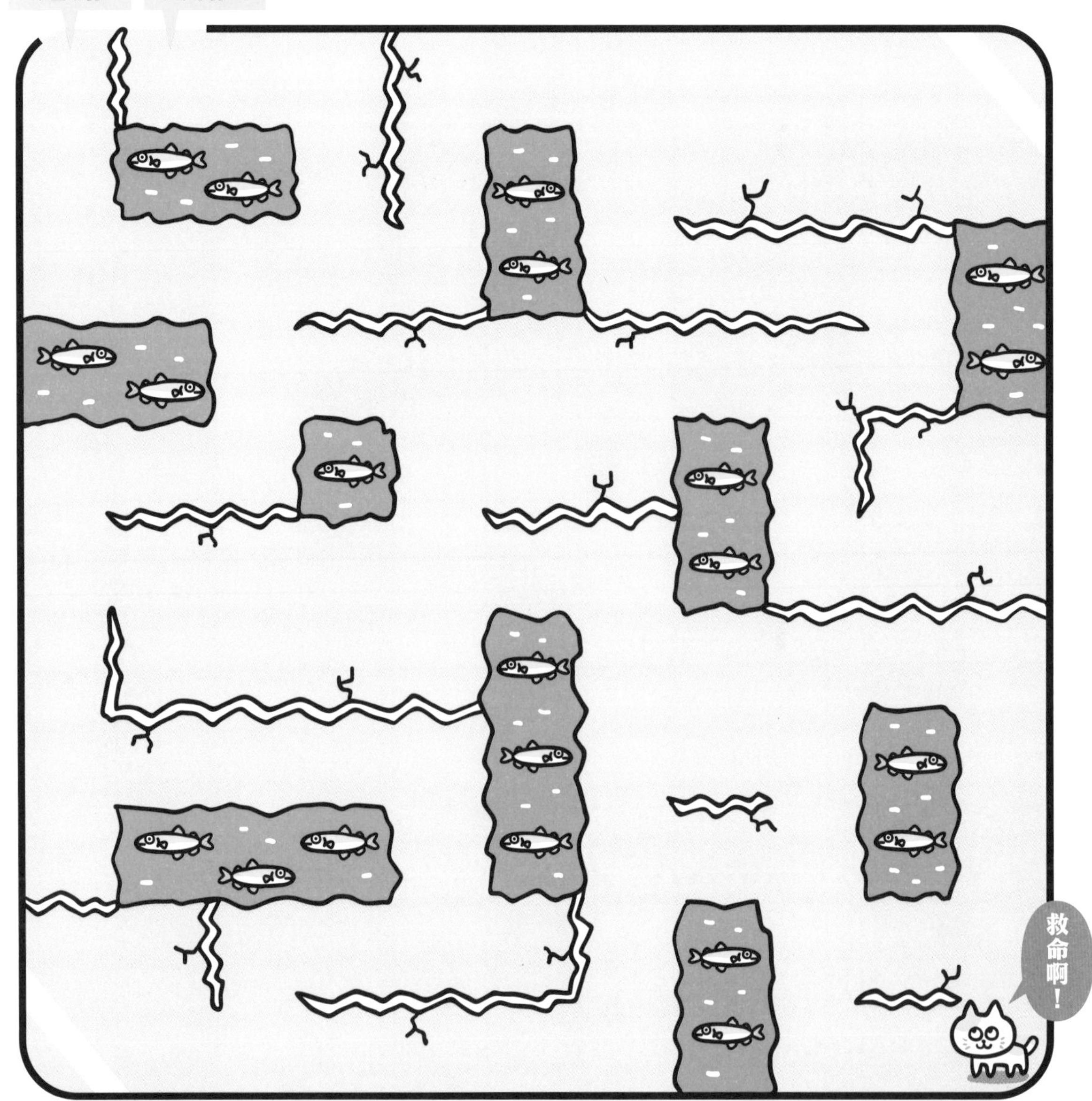

答案在45頁

接着將要掉落地面的蘋果吧！

05 接蘋果迷宮

蘋果掉落時，你需由起點走到終點，蘋果掉落 1 格，在地面就可以行走 3 格，要在蘋果剛好掉到地面的時候，走到終點接着蘋果！那該怎麼走才好呢？右手按着蘋果，左手按着迷宮格子會較容易玩吧！

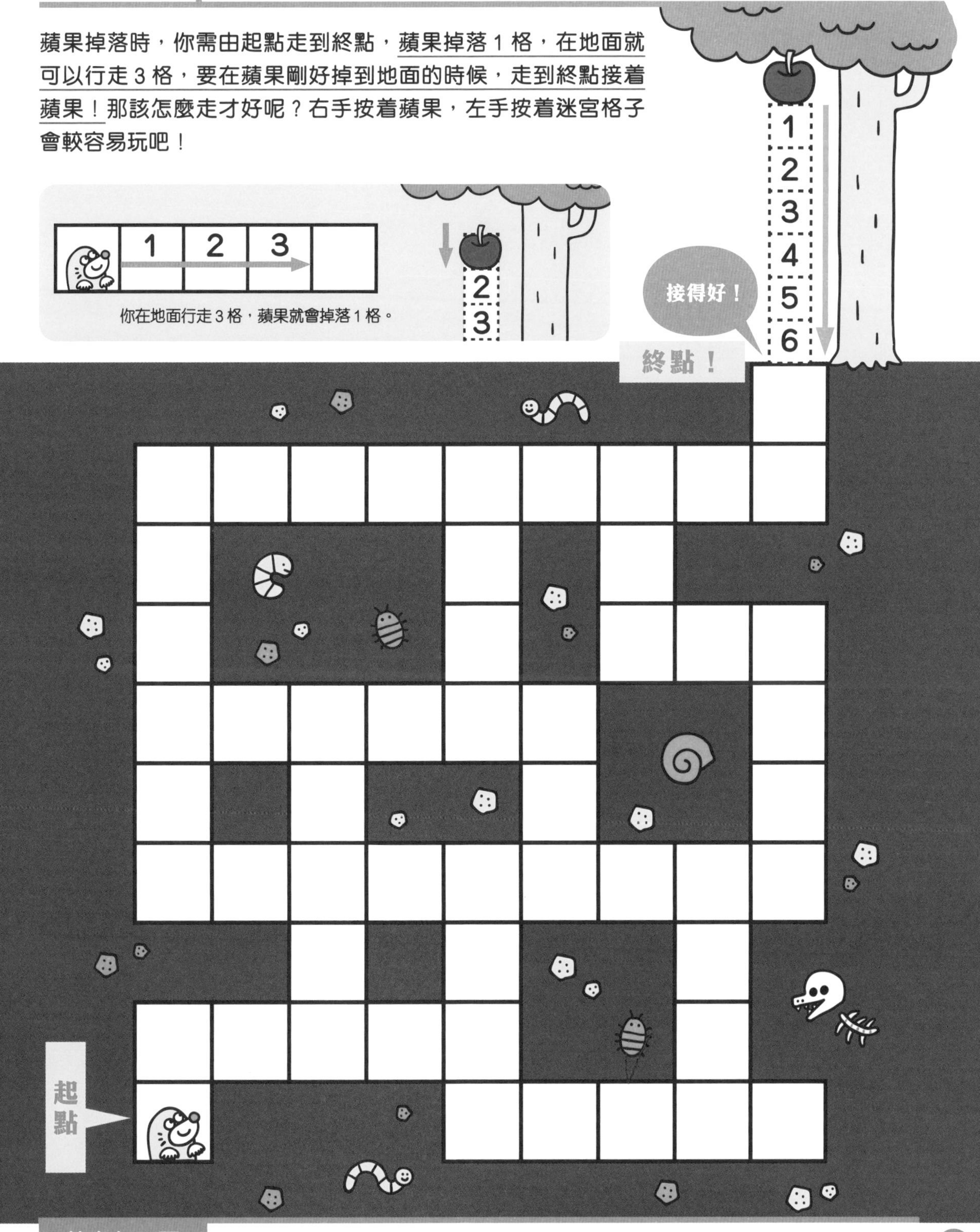

答案在45頁

06 揀選轉彎最少的道路前進吧！
單輪車迷宮

選擇轉彎次數最少的路線走到終點吧！轉彎的次數只限 6 次，而且路線不能重複。

起點

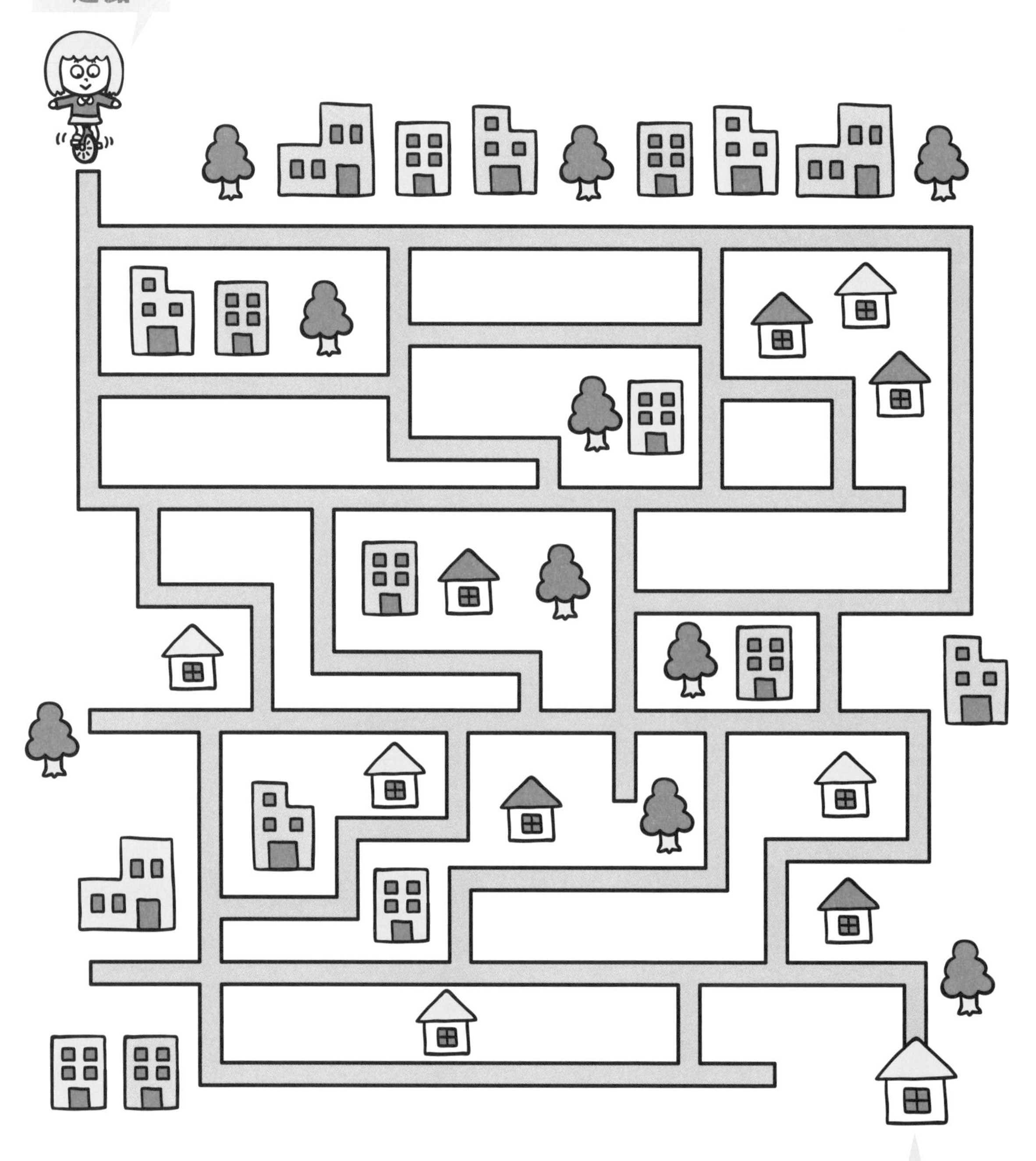

終點！

答案在45頁

07 解除緊急危機！帶大家尋找附近的洗手間！

洗手間迷宮

公園裏面有很多想上洗手間的人，究竟要帶哪一位到哪一個洗手間才對呢？<u>要分別帶他們到不同的洗手間，並緊記要在他們忍不住之前帶到呀！</u>

通過已走過的路也可以！

只要是10格以內的洗手間都可以。

請帶我去最近的洗手間！

洗手間

最多只可以忍到6格的路程！

去遠一點的洗手間也沒問題。

請帶我去8格內的洗手間。

洗手間

我應該可以忍到10格的路程。

勉強可以走7格的路程。

洗手間

洗手間

洗手間

我只可以走4格的路程……

洗手間

洗手間

洗手間

答案在45頁

為了婆婆而進行的時間旅行！

08 時間旅行迷宮

通過時間旅行，回到已經不存在的舊居，為婆婆取回很有紀念價值的珍貴相片吧！你要先去拿取相片，透過穿越「現在」和「過去」走到終點找回婆婆，緊記形狀相同的轉移區才可以穿越啊！

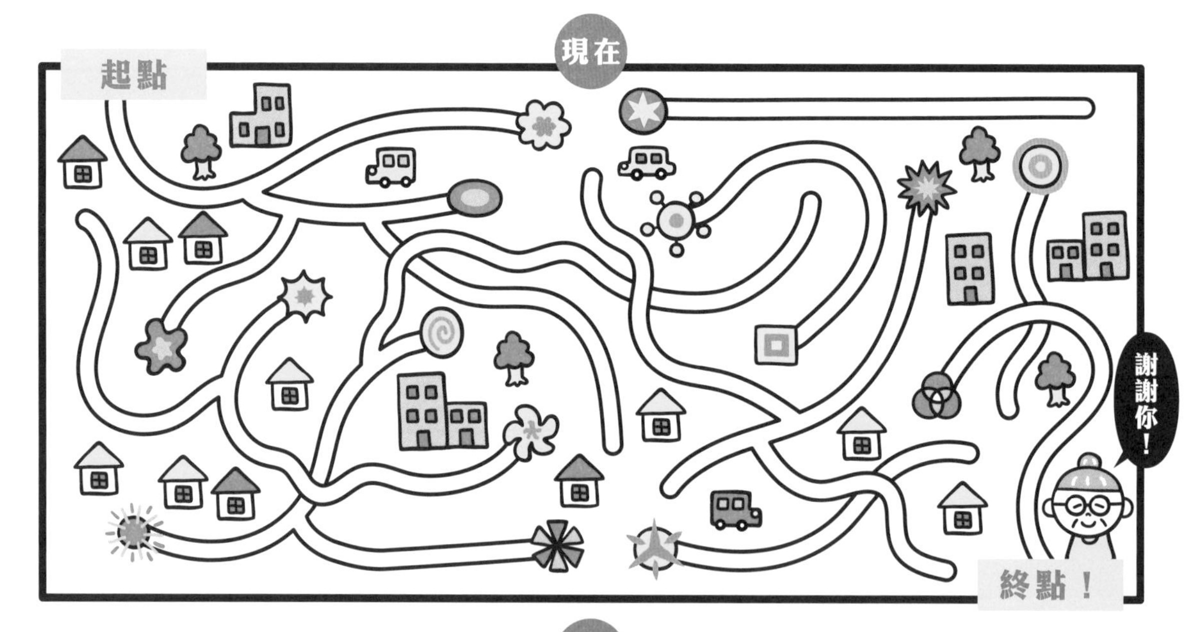

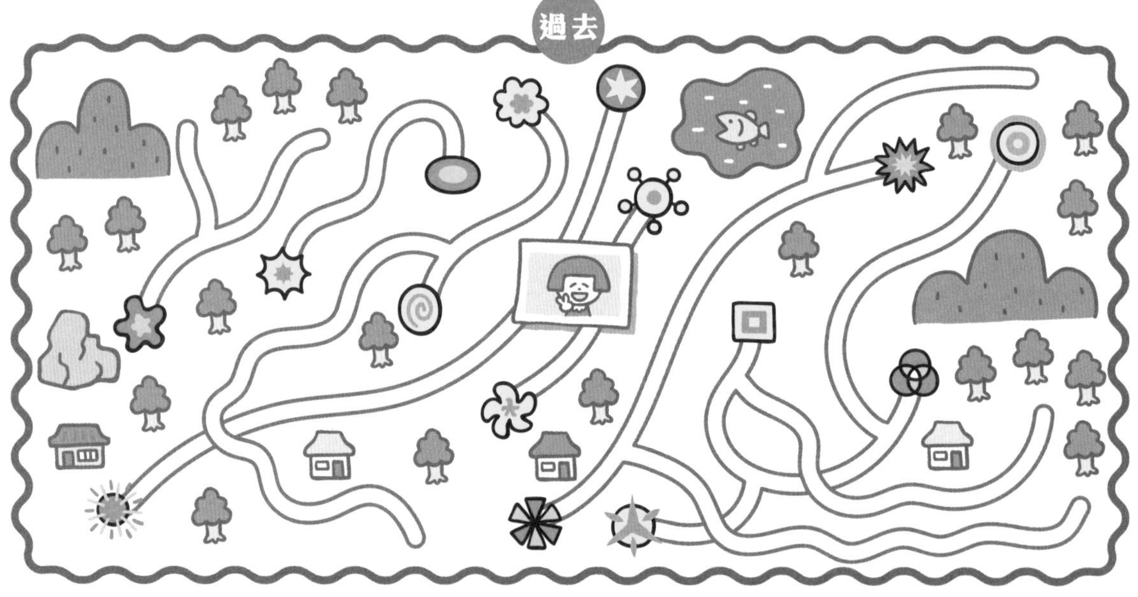

答案在45頁

09 選擇哪個號碼的入口才能順利走到地下？

逃出大廈迷宮

下圖將這座大廈由地下至 3 樓、總共四層分開顯示出來。試試由 3 樓開始走到地下，逃離這座大廈吧！不過，除了有門連接着的地方，其他都不能通過，你要小心呀！究竟可以讓你逃離大廈，抵達地下的是❶至❺入口之中的哪一個呢？

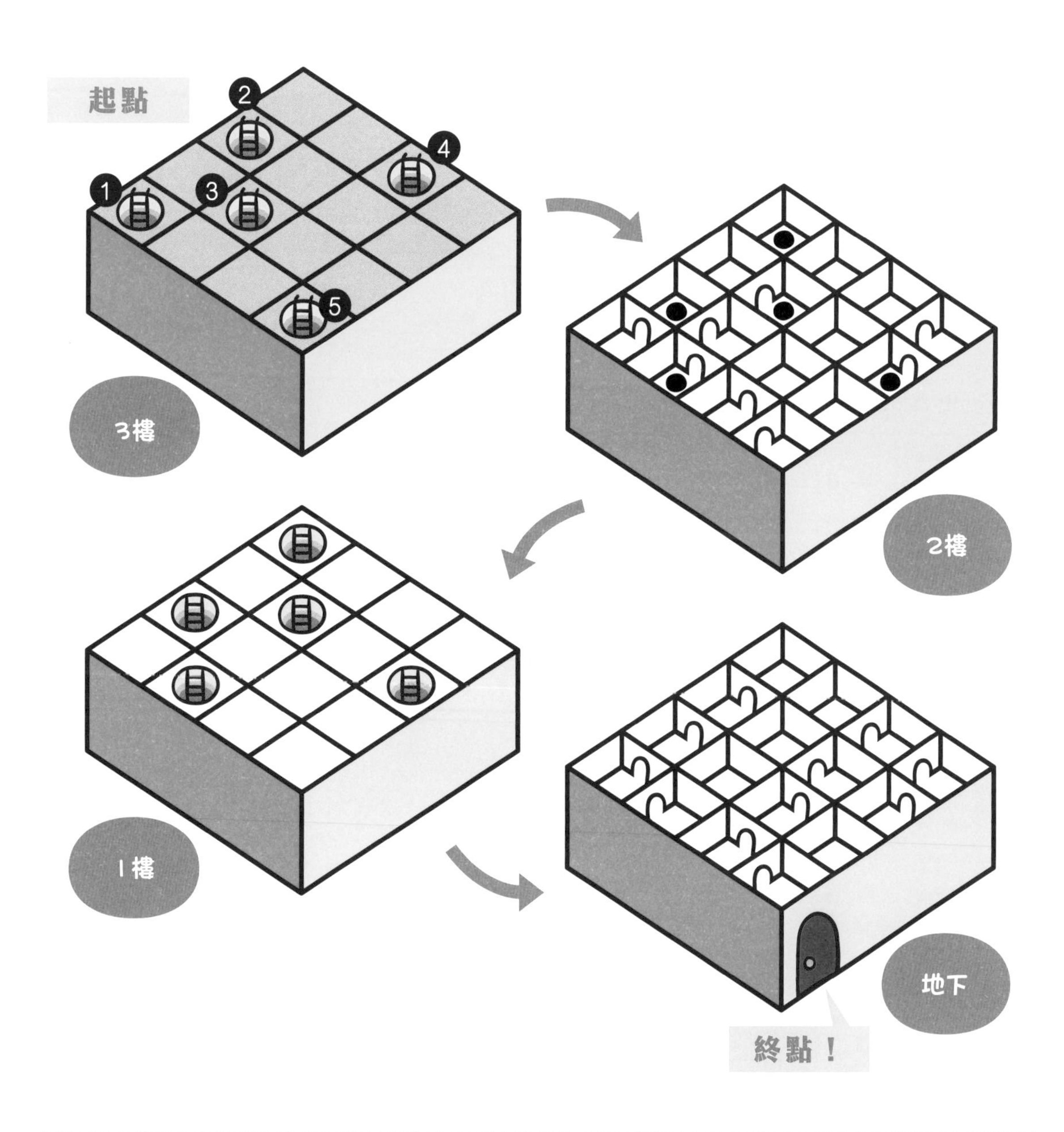

答案在45頁

10 向「看着的方向」前進吧！

眼神迷宮

這裏有一雙雙眼睛，就向着眼珠看着的方向前進，走到終點吧！不過，你要注意不同的眼睛代表不同的前進格數，還要緊記每一格只可以通過一次呀！

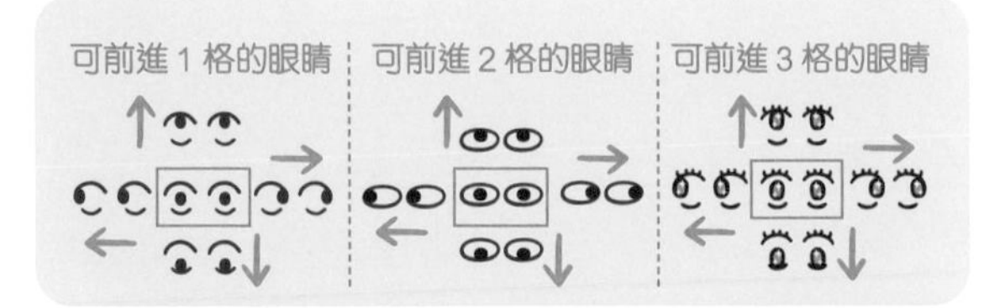

走到看着正面的眼睛（黃色格）時，可以選自己喜歡的方向前進。

請在以下三對眼睛選一對開始

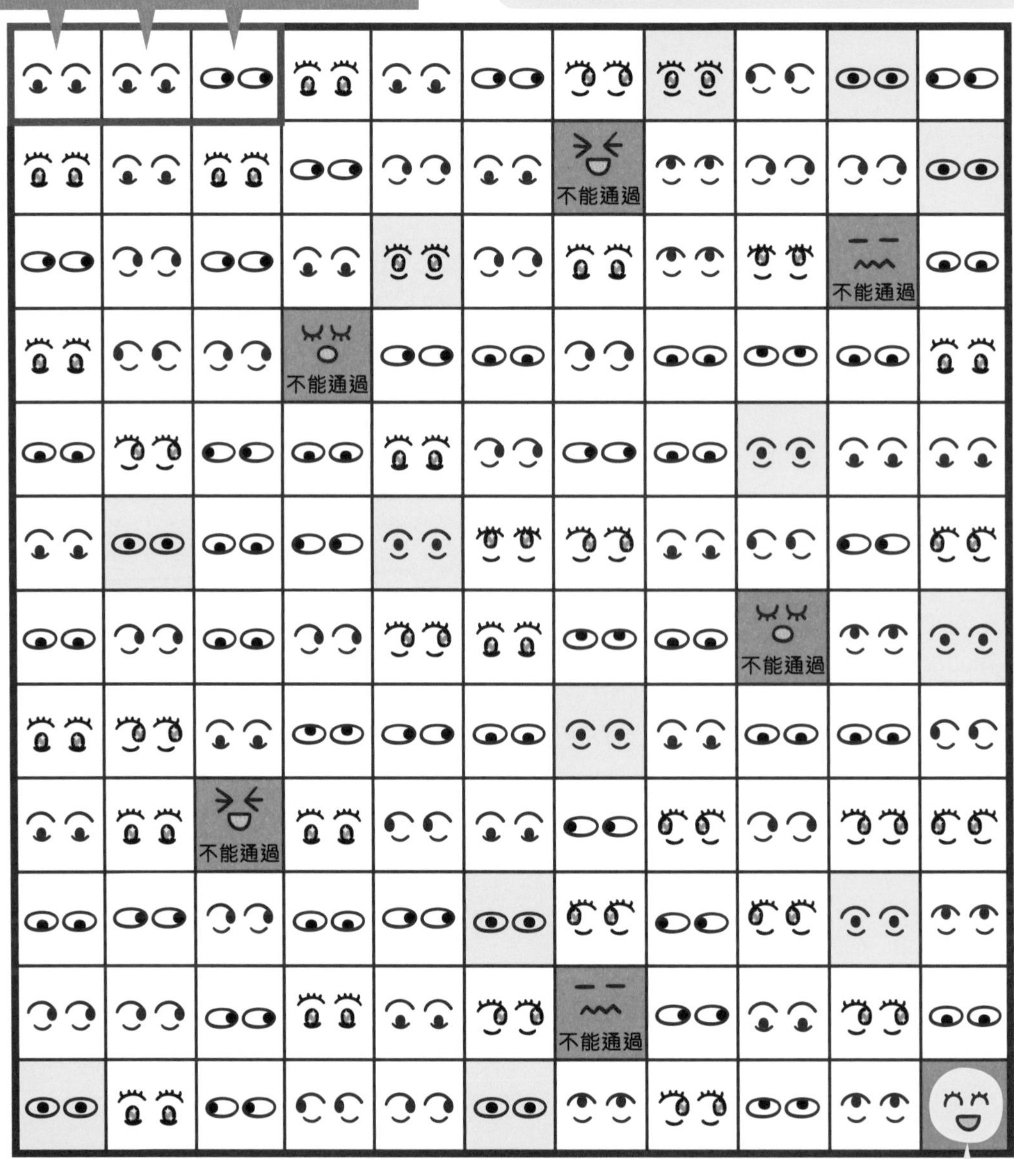

終點！

答案在45頁

11 追捕小偷！住宅迷宮

有小偷進入住宅了！一邊尋回小偷遺下的贓物，一邊走到終點吧！緊記有人的房間不可以通過，而且每條路只可以走一次啊！

樓梯

小偷遺下贓物的房間

- 由最上層數起的第二層，左起的第三間房
- 由最下層數起的第二層，左起的第五間房
- 由最上層數起的第三層，右起的第四間房

答案在45頁

拾回貴重的金幣吧！

12 收集金幣迷宮

金幣都掉落在路上了，就走最多金幣的道路，一邊撿起金幣一邊走到終點吧！途中如遇上收費站，要付上金幣才可以通過，走到終點的時候應該會有 32 個金幣，緊記每一條路只可以走一次啊！

要付上拾到的金幣

盛惠
2 個金幣！

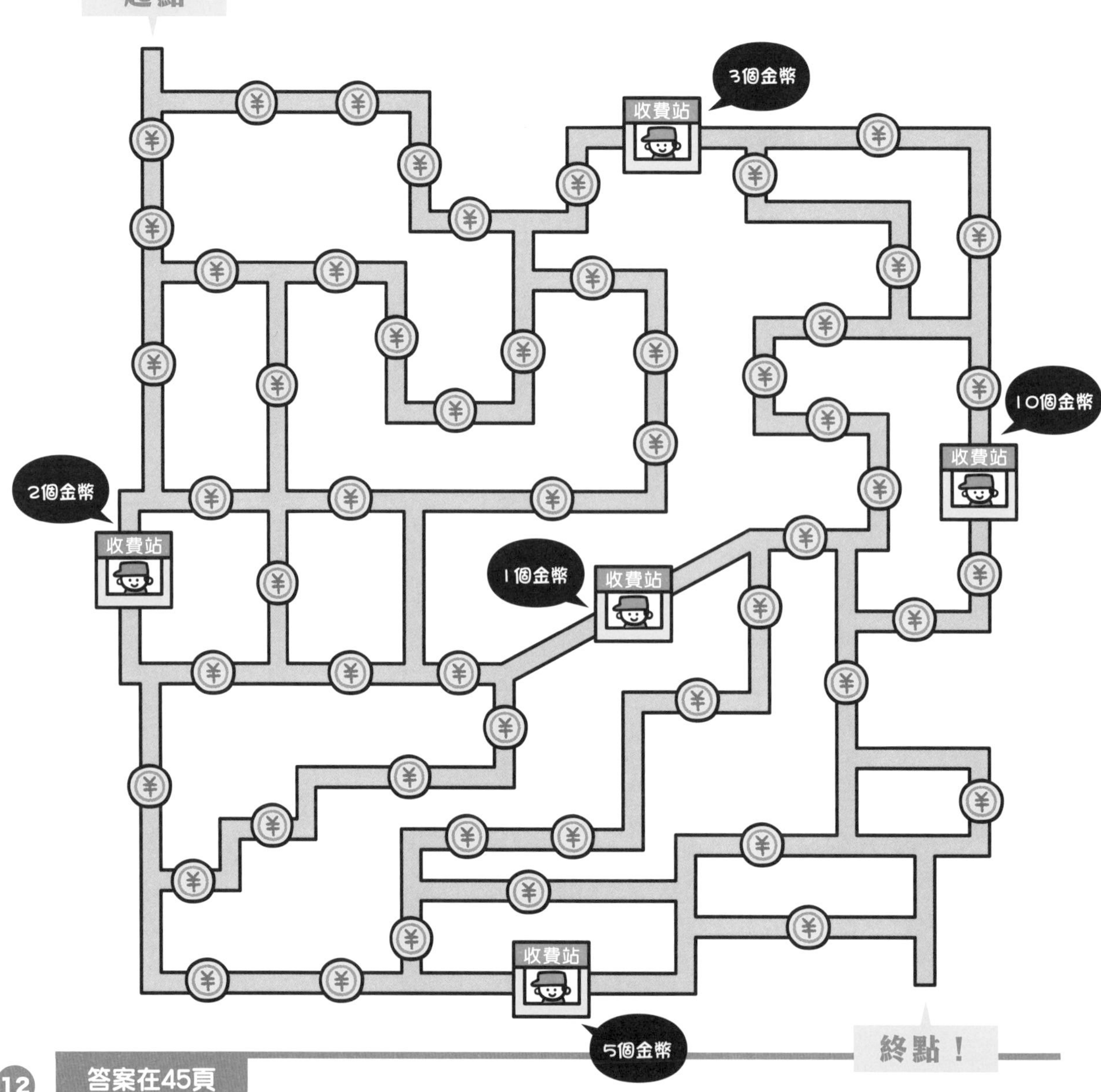

答案在45頁

13 腦中轉動骰子前進吧！
三色骰子迷宮

一邊在腦中轉動骰子，一邊前進吧！骰子上有紅、藍、黃三種顏色，只有格子的顏色跟骰子上的顏色一樣時才可以前進，緊記不可以斜走，也不可以走重複的格子。

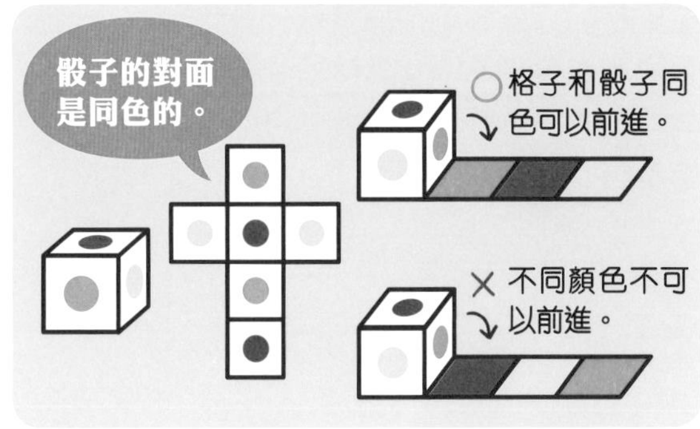

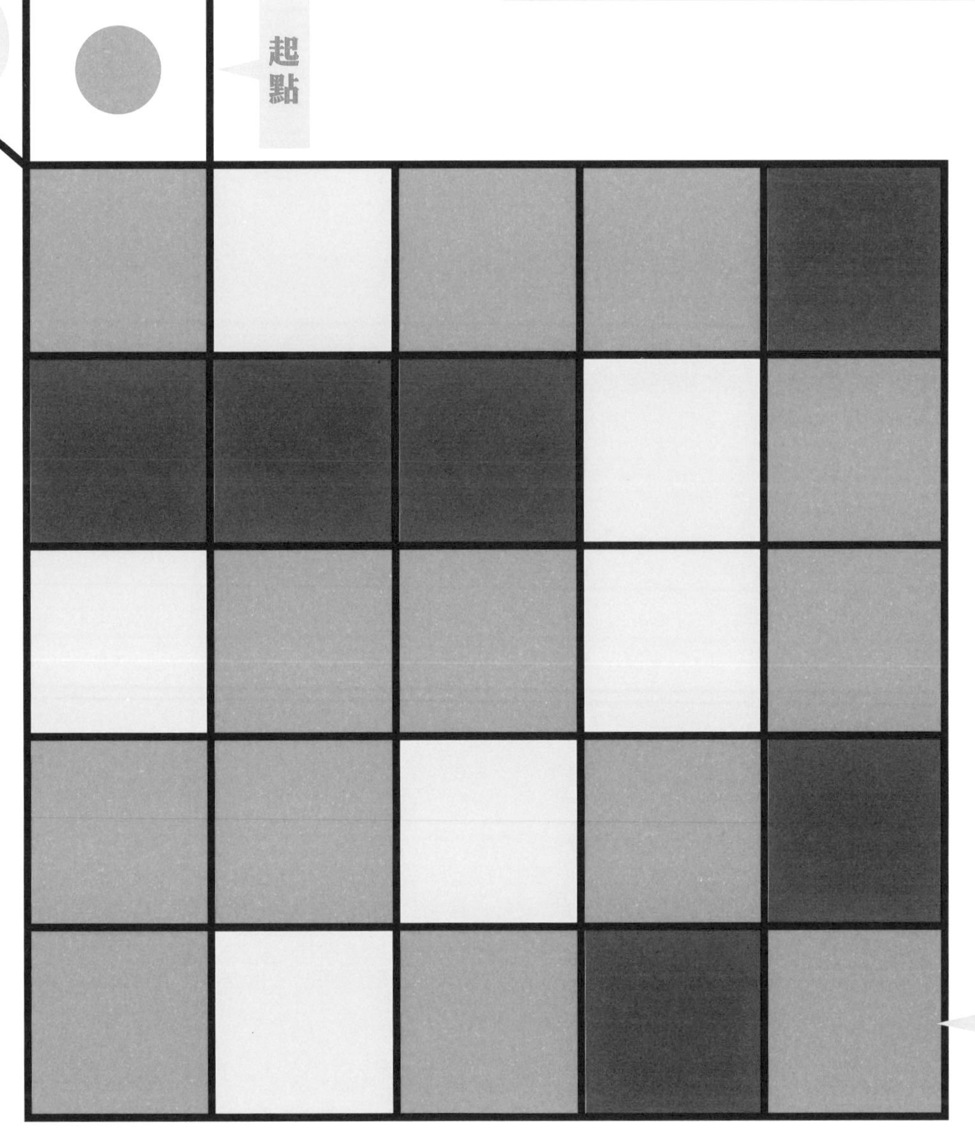

答案在46頁

14 架起橋樑過河吧！

過河迷宮

在起點開始架起橋樑過河，一直走到終點吧！造橋用的木板就像右圖那樣，只有九塊，不夠木板的話就前行不了，要留意啊！

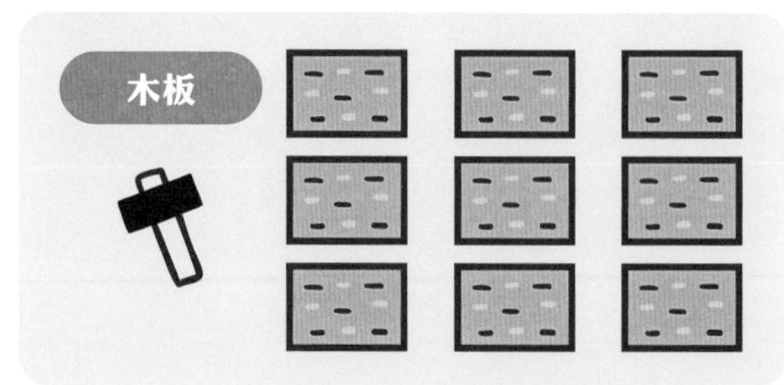

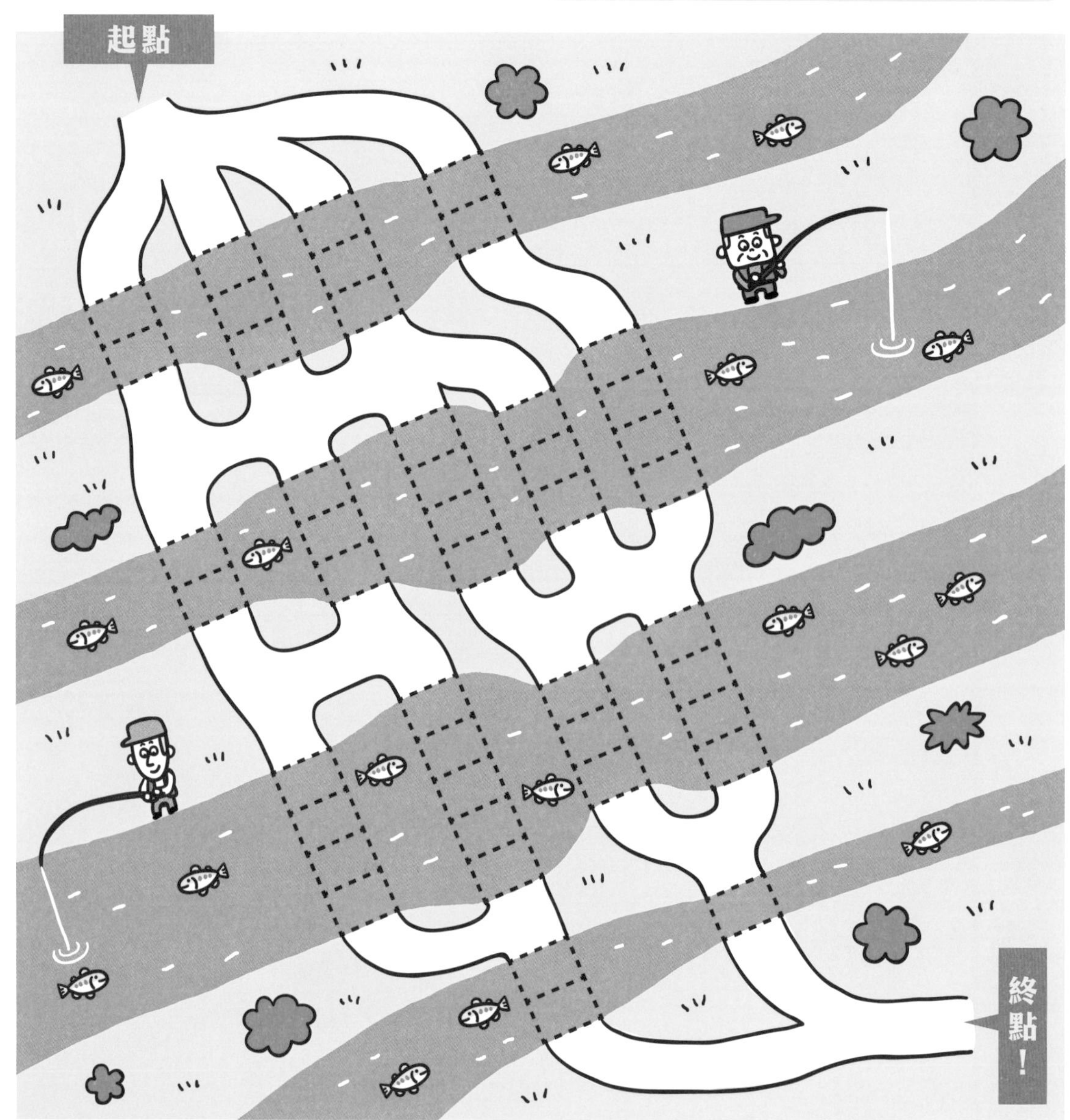

答案在46頁

15 用絕招打倒敵人吧！

戰隊決戰迷宮

這是一個分開上下兩部分的迷宮，紅戰士首先要在上面的迷宮集合所有的戰隊成員（藍戰士、綠戰士、黃戰士、粉紅戰士），然後才走到下面的迷宮，用每個成員的絕招來對付敵人，將他們全部打倒，最後走到終點才算完成。緊記路線不可以重複啊！

「黃芥辣」攻擊會讓敵人辣到麻痺

「水」攻擊會讓敵人全身濕透

「放鬆」攻擊會讓敵人放鬆忘形

「咖喱」的美味會讓敵人分心大意

「眨眼」攻擊會讓敵人迷迷糊糊

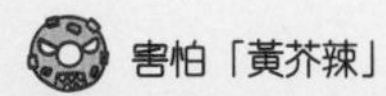
害怕「黃芥辣」

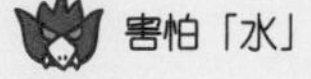
害怕「水」

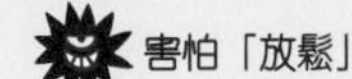
害怕「放鬆」

害怕「咖喱」

害怕「眨眼」

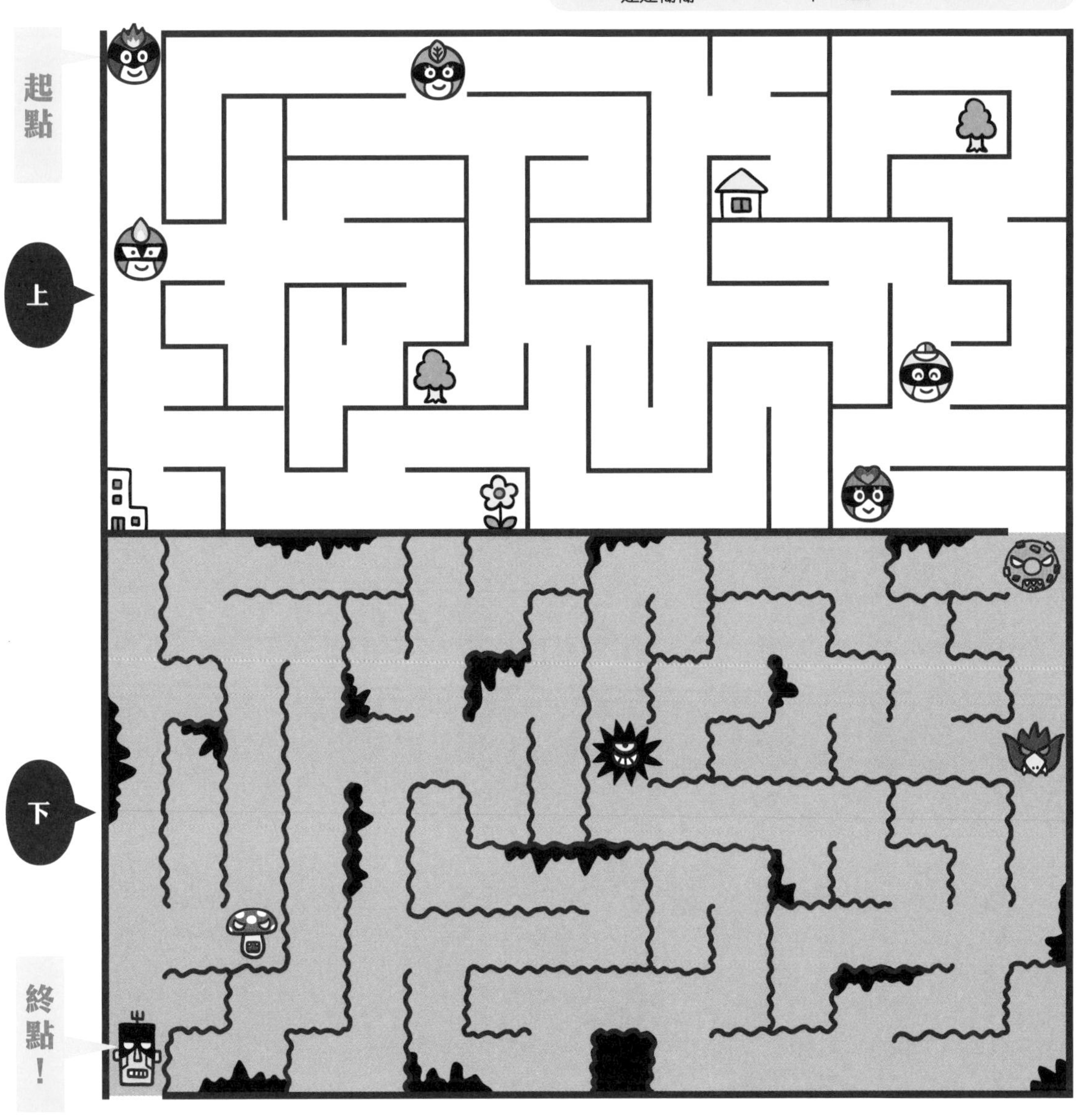

答案在46頁

16 找出不同，向前進發！
糖果屋迷宮

兩間形狀相同的糖果屋，要由煙囪開始一直走到終點，中間的路線不可重複。兩間屋子裏有不同的甜品阻塞着道路，當中有 5 個有不同之處，只要先找出它們不同的地方，就可以通過。

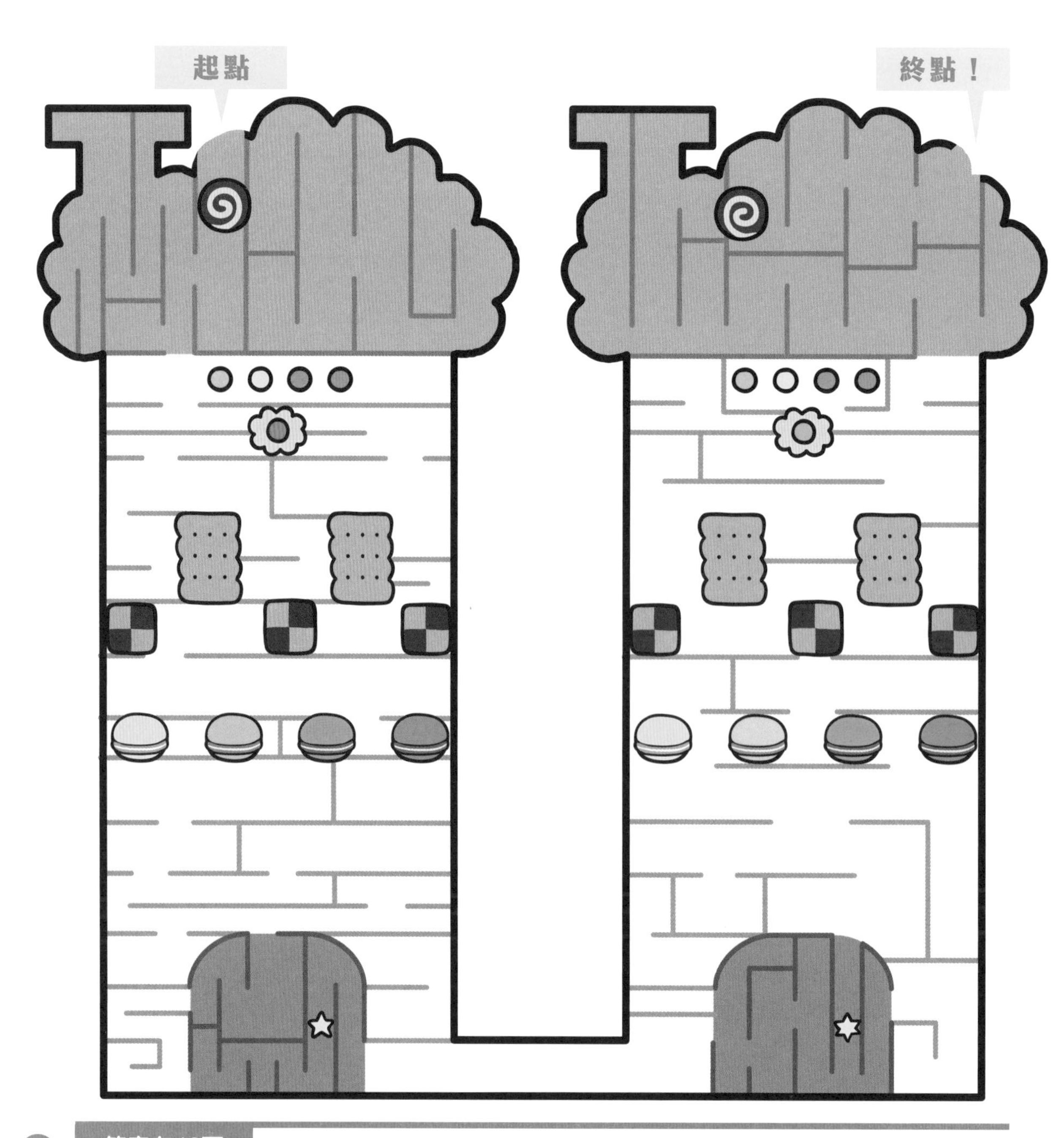

答案在46頁

17 相信藍髮人的指示前進！「聽我的話走！」迷宮

這裏有很多人教你走向終點，可是也有人會教錯路的。千萬不要聽黃髮人所說的指示去做，只有聽藍髮人的指示，才能走到終點，還要緊記不要走重複的道路啊！

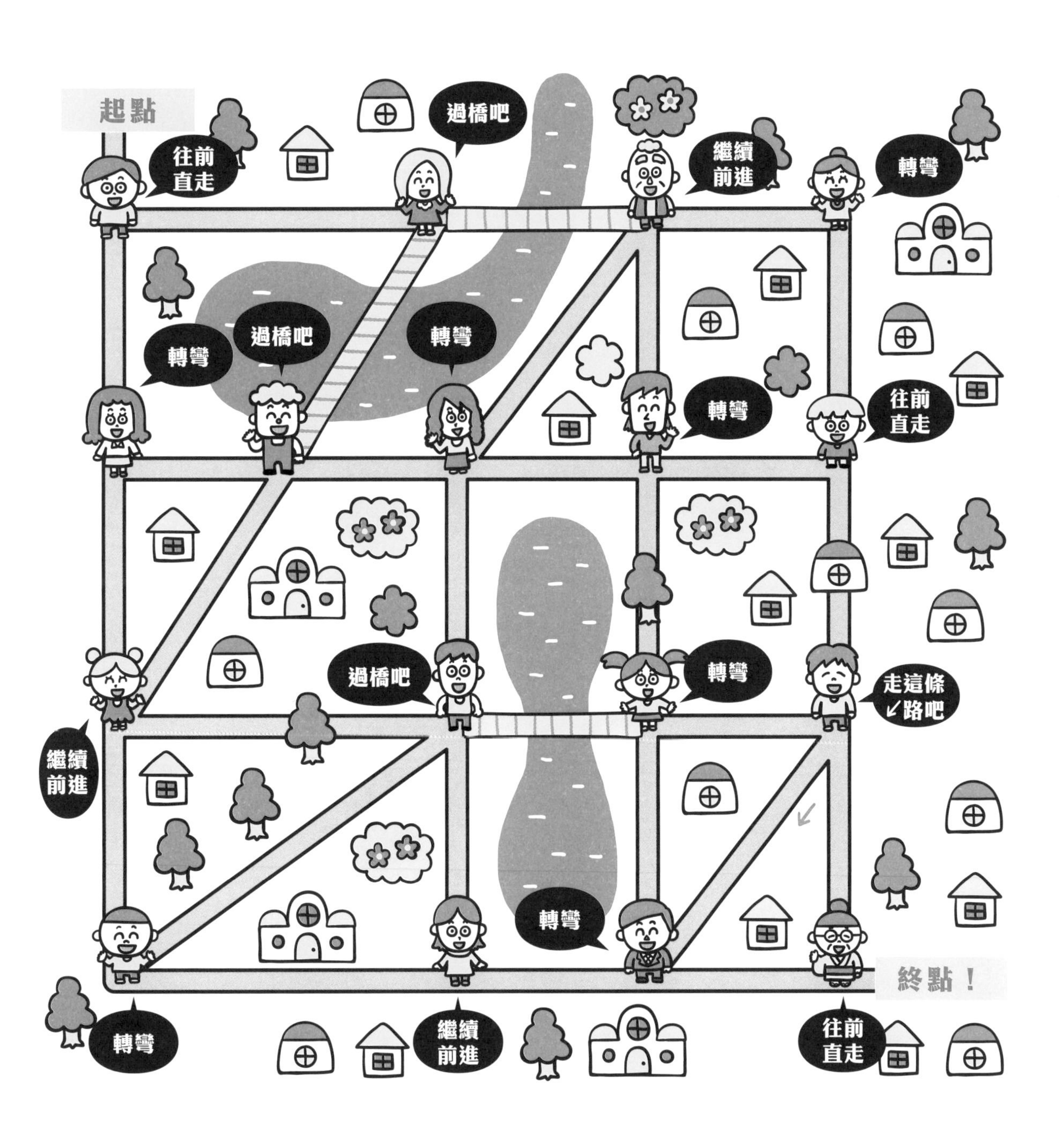

答案在46頁

18 嬰兒長大成人！

長大成人迷宮

你會由嬰兒開始，慢慢長大成人走到終點，行走的路線就如右圖那樣，遇上障礙物就不能向前走，同一格也不能重複通過。

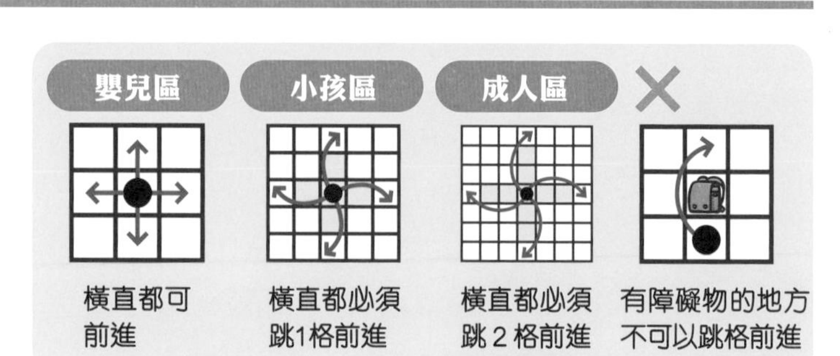

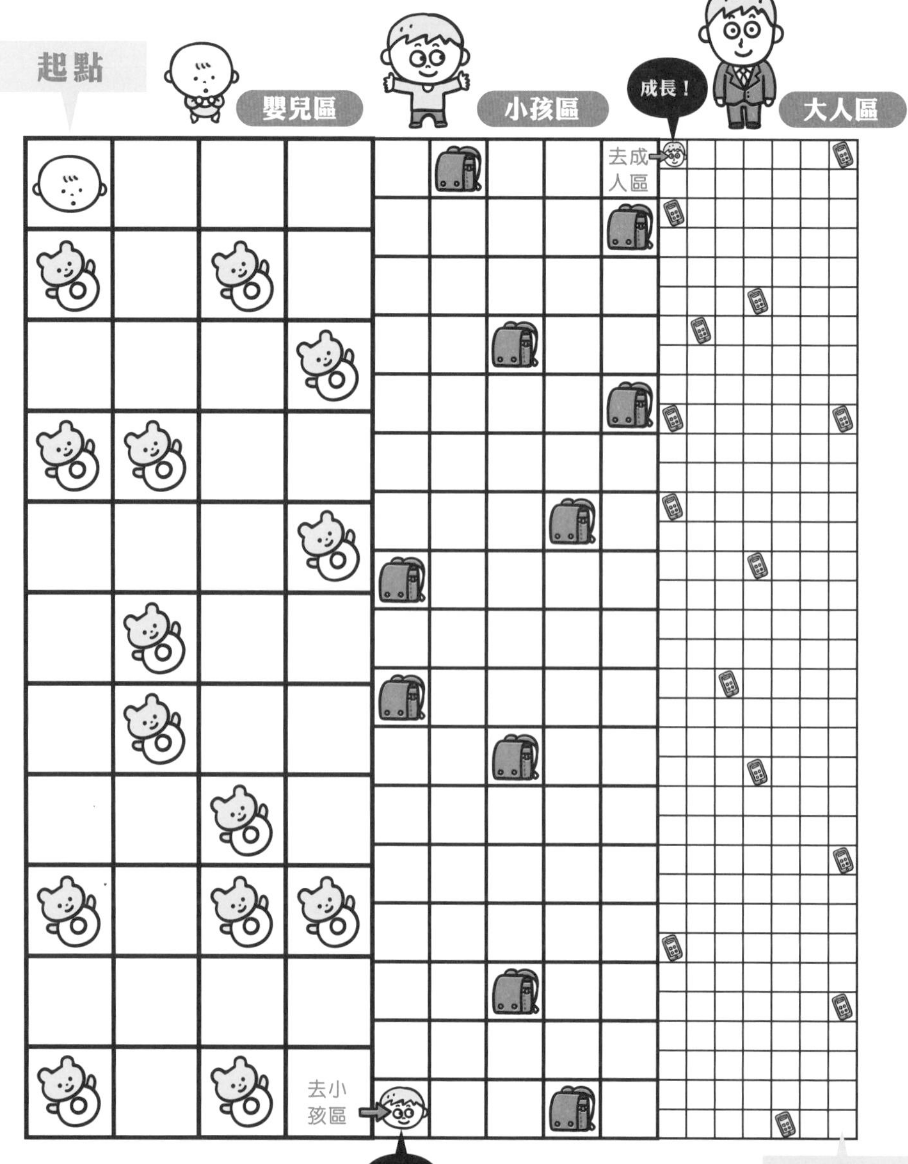

答案在46頁

19 警察強盜大對決！

制止罪案迷宮

根據可靠消息，強盜即將闖入鎮上最有錢的富豪家行劫！警察得比賊人更快到達富豪的家才行，你快為警察帶路吧！警察與賊人的前進速度一樣，警察每前進一格，賊人也會前進一格。你一邊用右手按着賊人的前進格數，一邊用左手按着警察的前進路線會較容易看懂。緊記他們不可以斜走啊！

警察

強盜

富豪的家

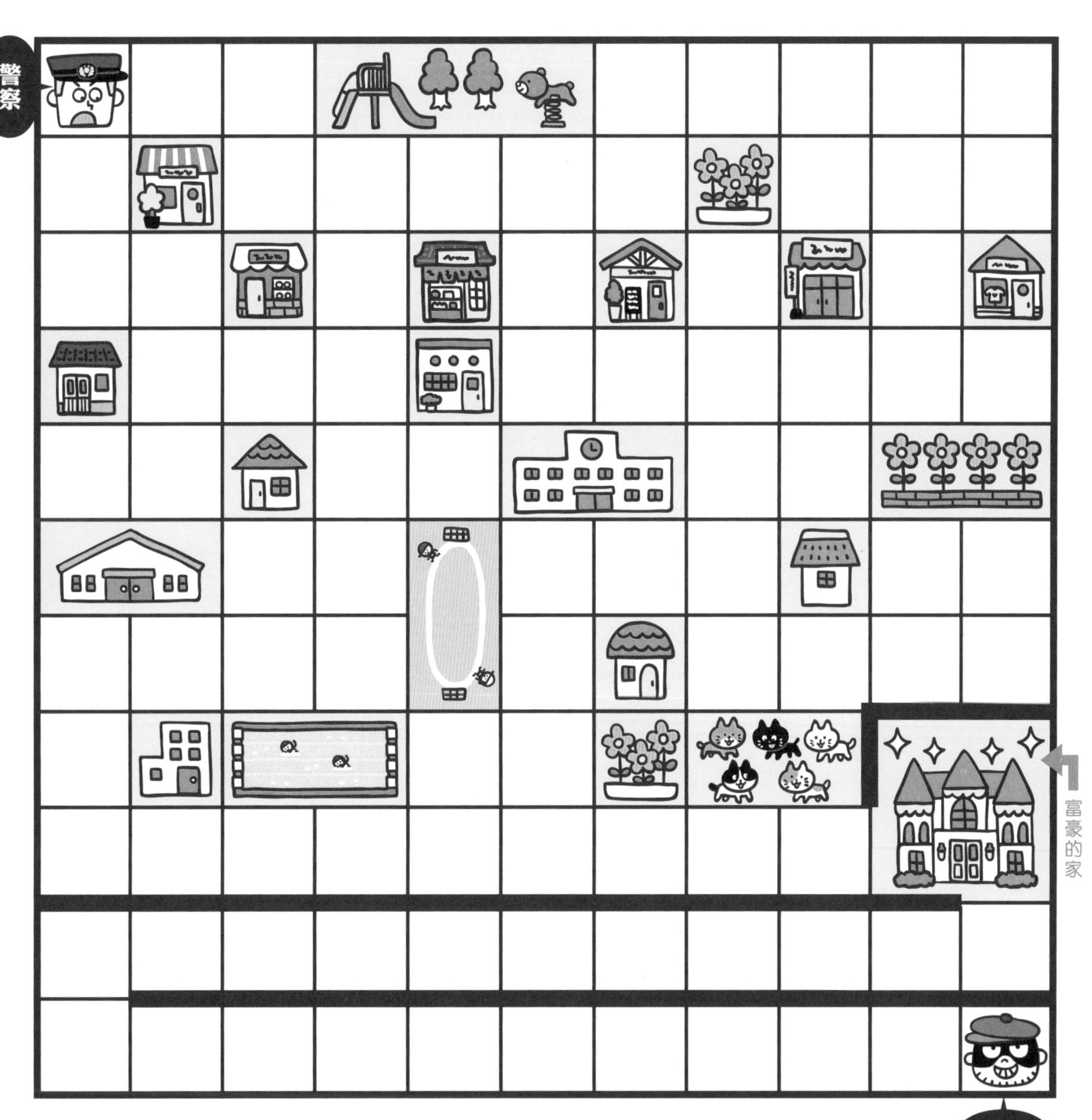

答案在46頁

尋找寶藏！

20 藏寶圖碎片迷宮

藏寶地圖被撕成幾分了！請你在腦海中合併地圖，然後由起點開始，走到終點找出寶藏吧！

起點

答案在46頁

21 對比數幅地圖前進吧！
妖怪迷宮

由起點起步，參考下面三幅地圖，先查看有妖怪的地方，再揀選沒有妖怪又不重複的路線，前往終點吧！

有妖怪的地方

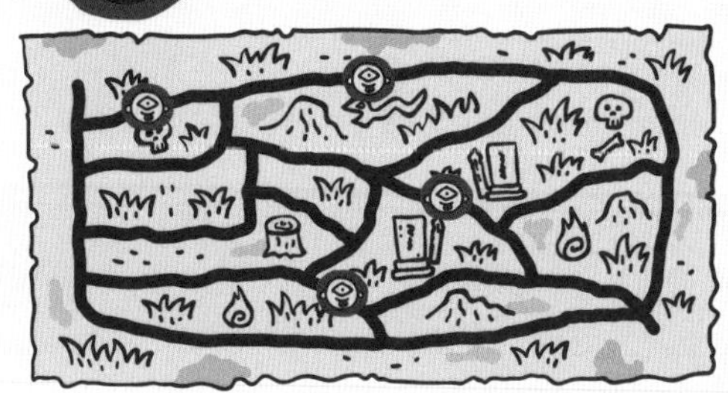

答案在46頁

22 嚴禁這些行為！
規則之國迷宮

這是一個有很多規則的國家，有很多行為都被禁止，你要遵從右邊的規則，從起點順利走到終點。緊記路線不能重複。

規則之國的規則

- ✖ 不可以橫過藍色的橋。
- ✖ 如遇上螞蟻隊列，不可以通過。
- ✖ 不可以走花圃旁邊的路。
- ✖ 不可以走過熟睡的嬰兒身邊。
- ✖ 不可以使用斑馬線。

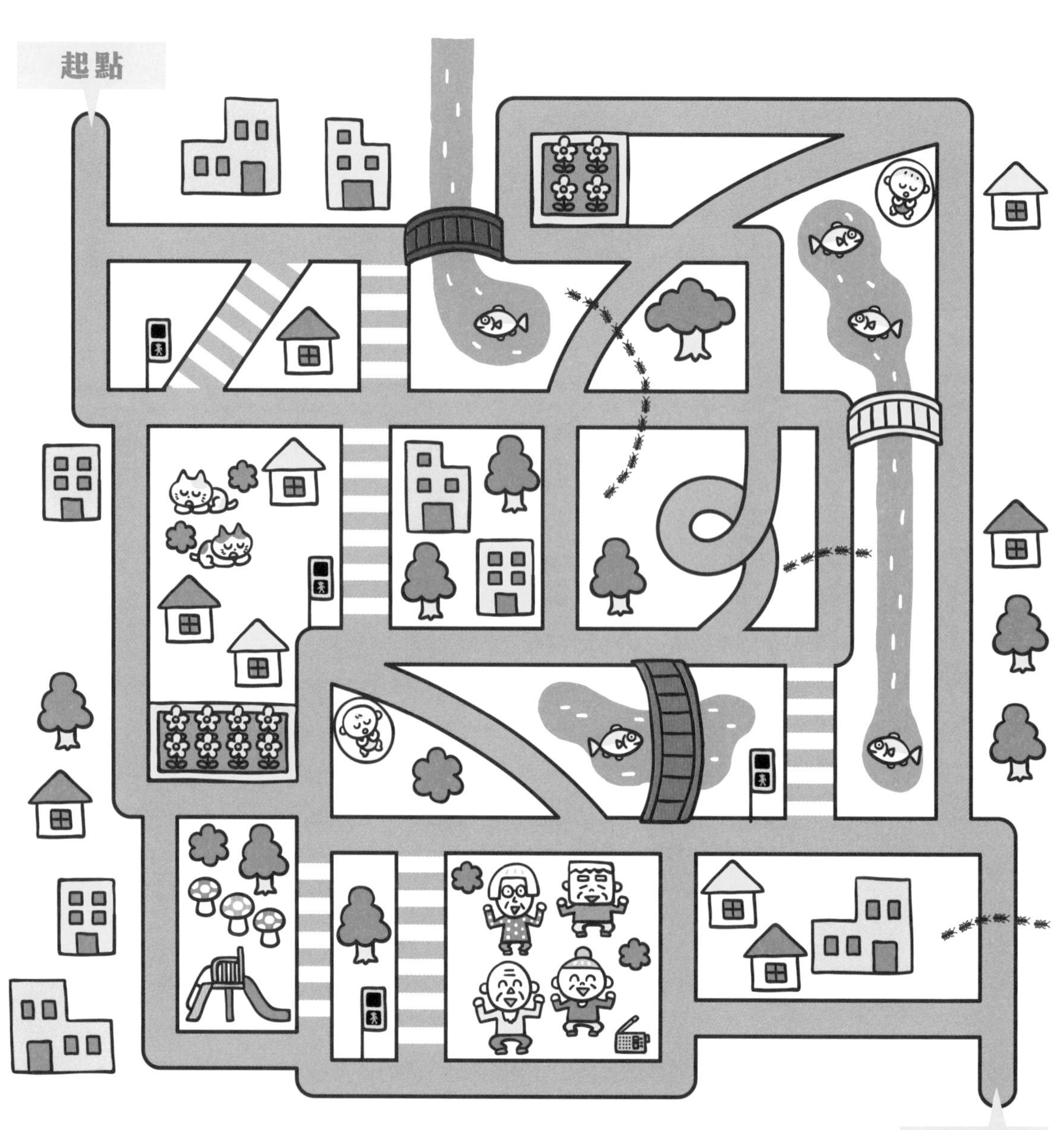

答案在46頁

超超超難！！！！！！

23 用星星來收拾魔鬼！
天使的冒險迷宮

一邊走迷宮，一邊在路上收集星星，用星星來對付魔鬼！不同的魔鬼要用不同數量的星星才能擊退，如果星星數目不夠會打不走魔鬼，也就通過不了，而且每條路線只可走一次。

收拾魔鬼所需的星星數量

1粒

3粒

5粒

要用掉當時身上所有星星

只對付自己要走的路線上的魔鬼就可以了！

起點

終點！

答案在46頁

超超超難！！！！！！

24

腦力超級大鍛鍊！

雙手一筆過迷宮

左右手同時開始，不重複的通過圖中的所有線，走到終點吧！

答案在46頁

超超超難！！！！！！

25 不要被校長發現走到終點！

逃離晚上的學校迷宮

你要在不被老師發現的情況下逃離學校。但是，今次還有拿着望遠鏡的校長出場！老師的監視範圍如右圖顯示，你除了要避開他們監視的格數外，還要注意他們正在監視哪個方向！緊記不可以斜走，也不可以走重複的路線啊！

什麼事情也不注意的老師，只可以監視前面的2格。

戴着眼鏡的老師，可以監視前面的3格。

校長拿着望遠鏡，可以監視前面的8格。

	1格	1格	可以通過
	老師的監視範圍		

起點

家政室

圖書室

洗手間

洗手間

校長室

終點！

答案在47頁

超超超難！！！！！！

26 拯救小企鵝！南極迷宮

在部分結冰的海洋對岸，一頭小企鵝正等待救援，請你儘快帶大企鵝到小企鵝的身邊，再帶牠們回到起點處。大企鵝可以在冰上行走，也可以在水裏游，但是小企鵝還不會游泳，所以回程時只可以在冰上行走！緊記同一條路只可以走一次。

終點！

起點

答案在47頁

超超超難！！！！！！

27

比媽媽更快回家！

「不讓媽媽發現試卷！」迷宮

你不小心將 0 分的試卷胡亂放在桌子上了！你必須在媽媽回家之前，先回到家將試卷收藏起來！你跑步的速度與媽媽騎單車的速度一樣，所以你向前跑一格，媽媽也會前進一格。用右手按着媽媽移動的位置，用左手按着你移動的位置，這樣會較容易看誰先回家。緊記不可以斜走啊！

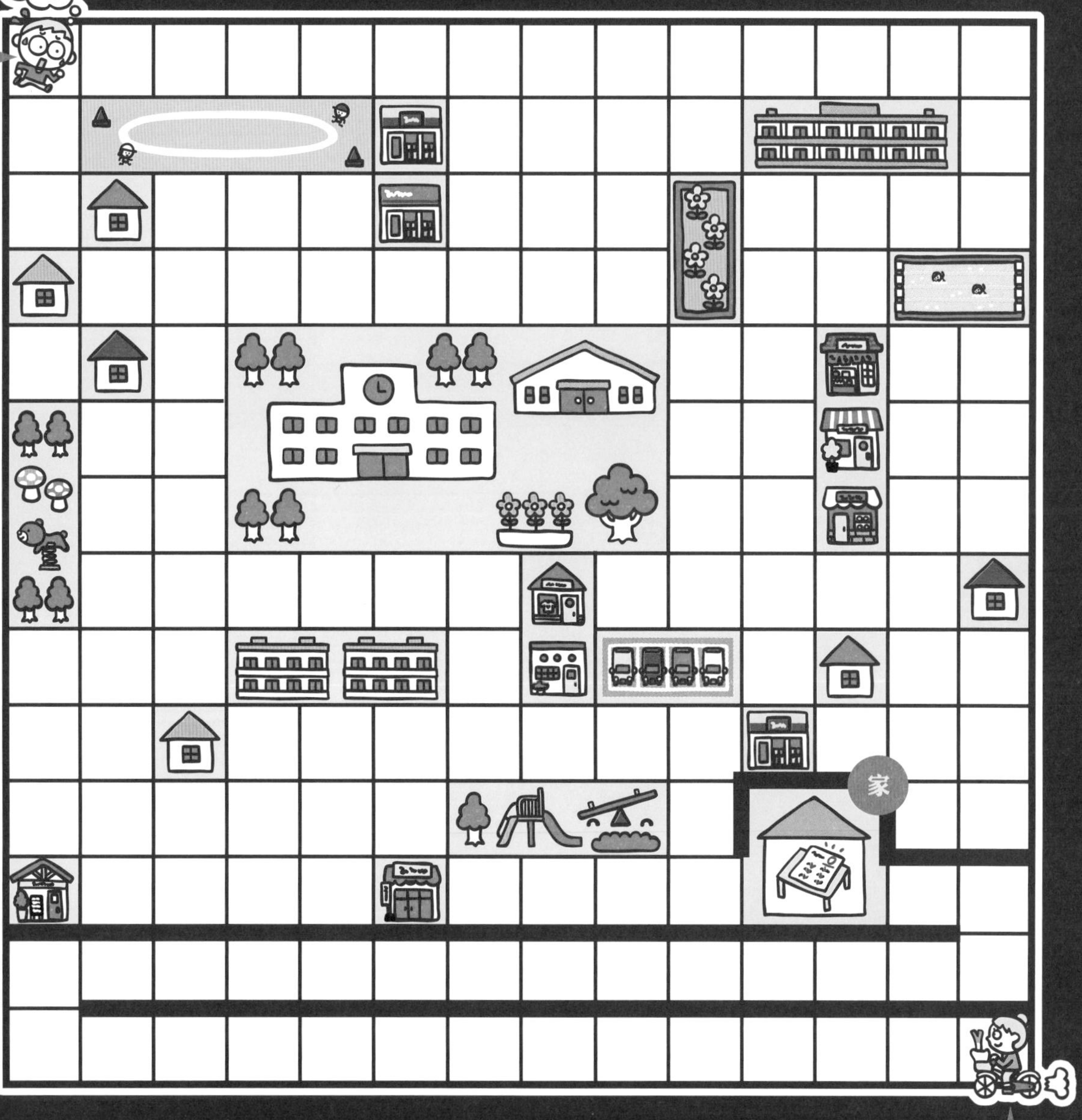

答案在47頁

超超超難！！！！！！

28

盡量不轉彎前進！

猴子單輪車迷宮

從起點開始計算，以最少的轉彎次數（六次之內）走到終點，有香蕉的道路不能通過，路線也不可以重複。

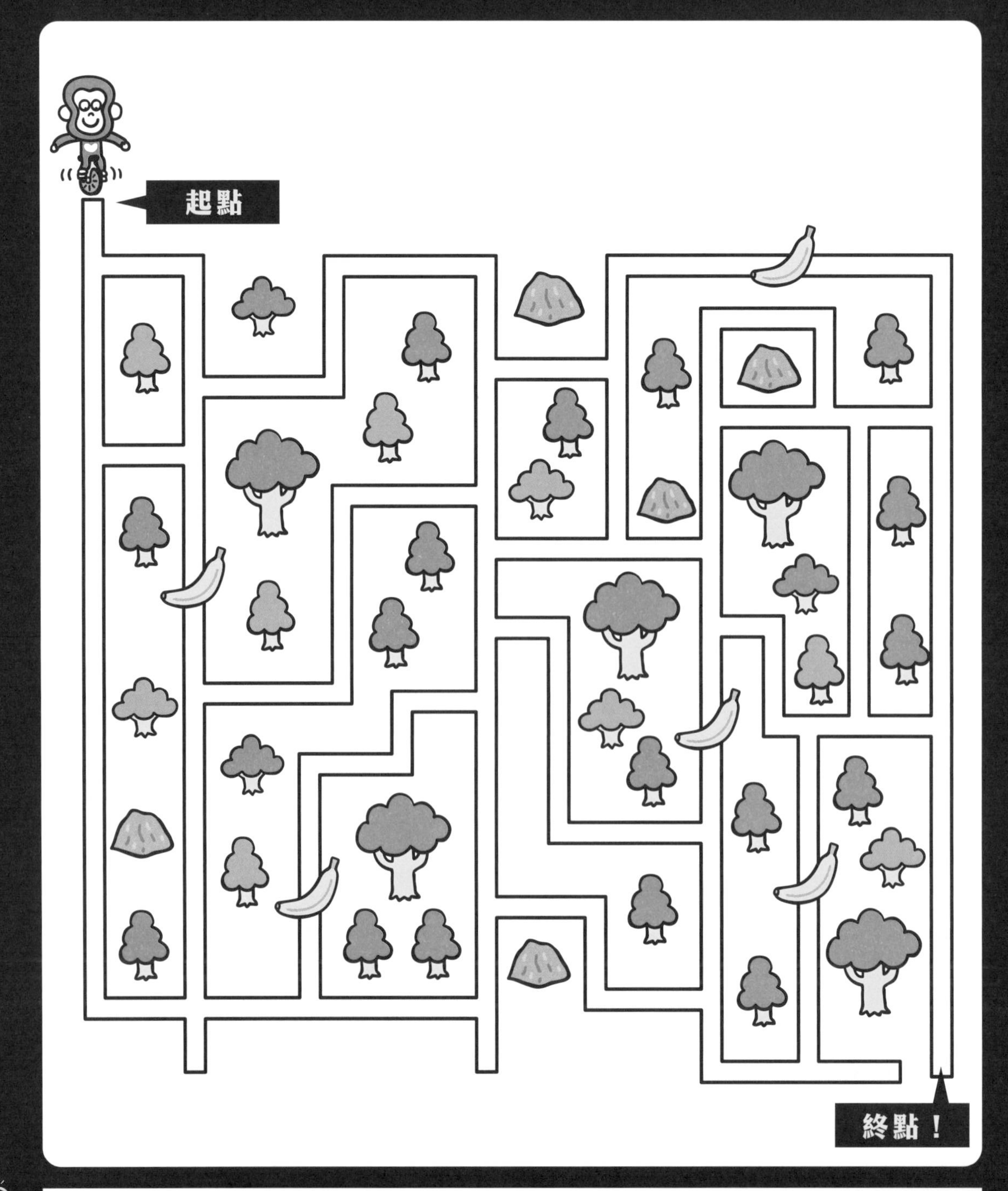

答案在47頁

29 拯救迷路的孩子！「帶孩子回家！」迷宮

街上許多孩子迷路了，該帶哪一個孩子到哪個家呢？請先傾聽孩子的要求，再將他們全都帶回家。除了孩子要求去的地方外，不可以帶他們去別的地方啊！

可以重複通過已走過的格子！

我的家有8格的路程，但我想先去公園才回家！

我的家在4格的路程內。

我的家很遠，我想在中途去咖啡店休息一下才回家！

學校

我的家在10格路程內的地方，我想經過婆婆的家才回家！

我的家有6格的路程。

公園

婆婆的家

我的家在8格的路程內。

咖啡店

公園

商場

警局

我家距離這裏剛好8格路程。

運動場

我的家在5格的路程內。

答案在47頁

超超超難！！！！！！

30 取回富有紀念價值的物品！
超級時間旅行迷宮

你要到舊居為爺爺取回很有紀念價值的物品。透過穿越「現在」和「過去」，收集右圖的三件物品後再走到終點，記得形狀相同的轉移區才可以穿越，而且同一條路只可以走一次啊！

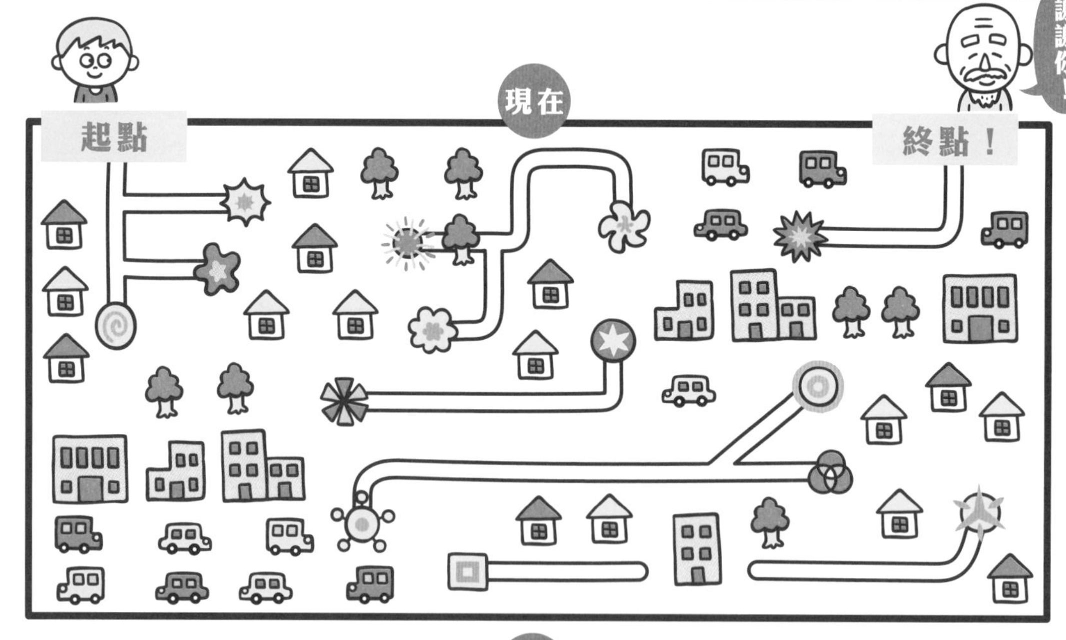

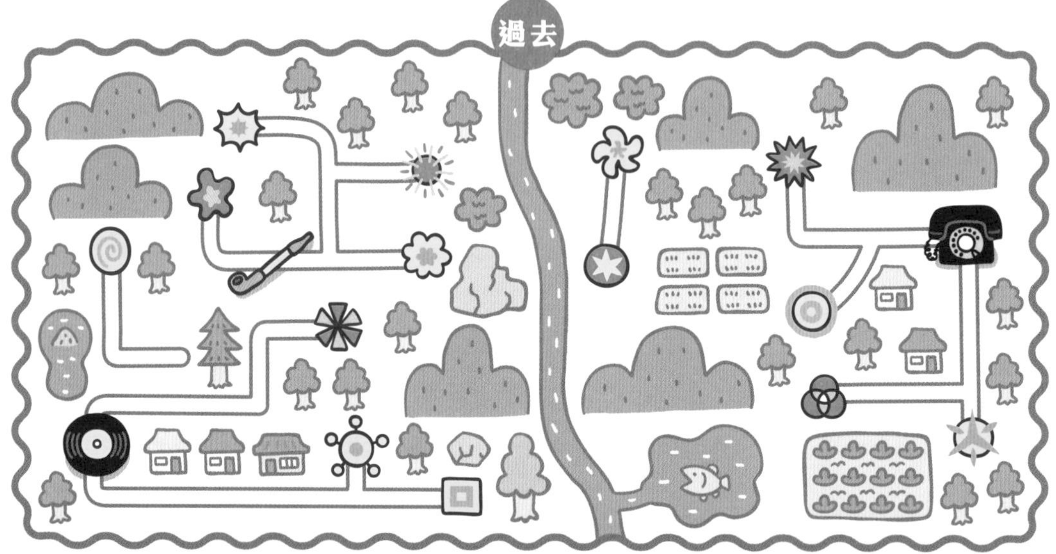

答案在47頁

超超超難！！！！！！

31 選擇哪個號碼的入口才能順利走到地下？
逃出大廈的超級迷宮

試試由 3 樓開始走到地下，逃離這座大廈吧！不過，在下圖裏面的大廈每一層擺放方位都不一樣，你首先要將它們的顏色配對好，才可以看到大廈正確的結構。而且，除了有門連接着的地方，其他都不能通過，要特別小心呀！究竟可以讓你逃離大廈的是❶至❺入口之中的哪一個呢？

腦海中想像配對好顏色後的大廈吧！

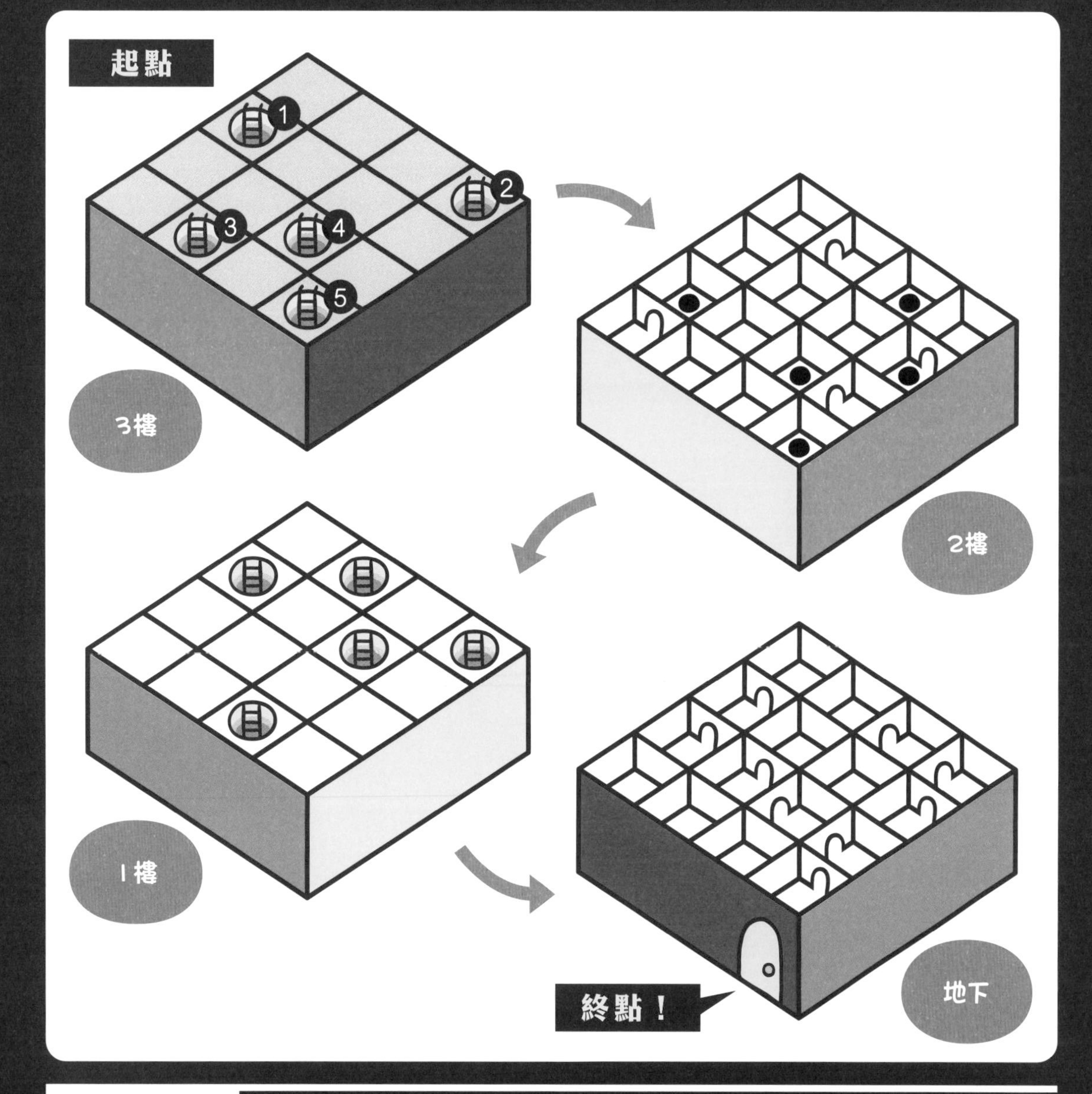

答案在47頁

超超超難！！！！！！

32

跟着健美先生的動作前進吧！

肌肉發達迷宮

下面排列着很多健美先生，就跟着他們所面向的方向前進吧！不過，你要注意他們不同的動作代表着不同的前進格數！緊記路線不能重複啊！

前進1格

前進2格

前進3格

前進4格

走到黃色格可任選一個方向前進

在這 3 格任選 1 格開始

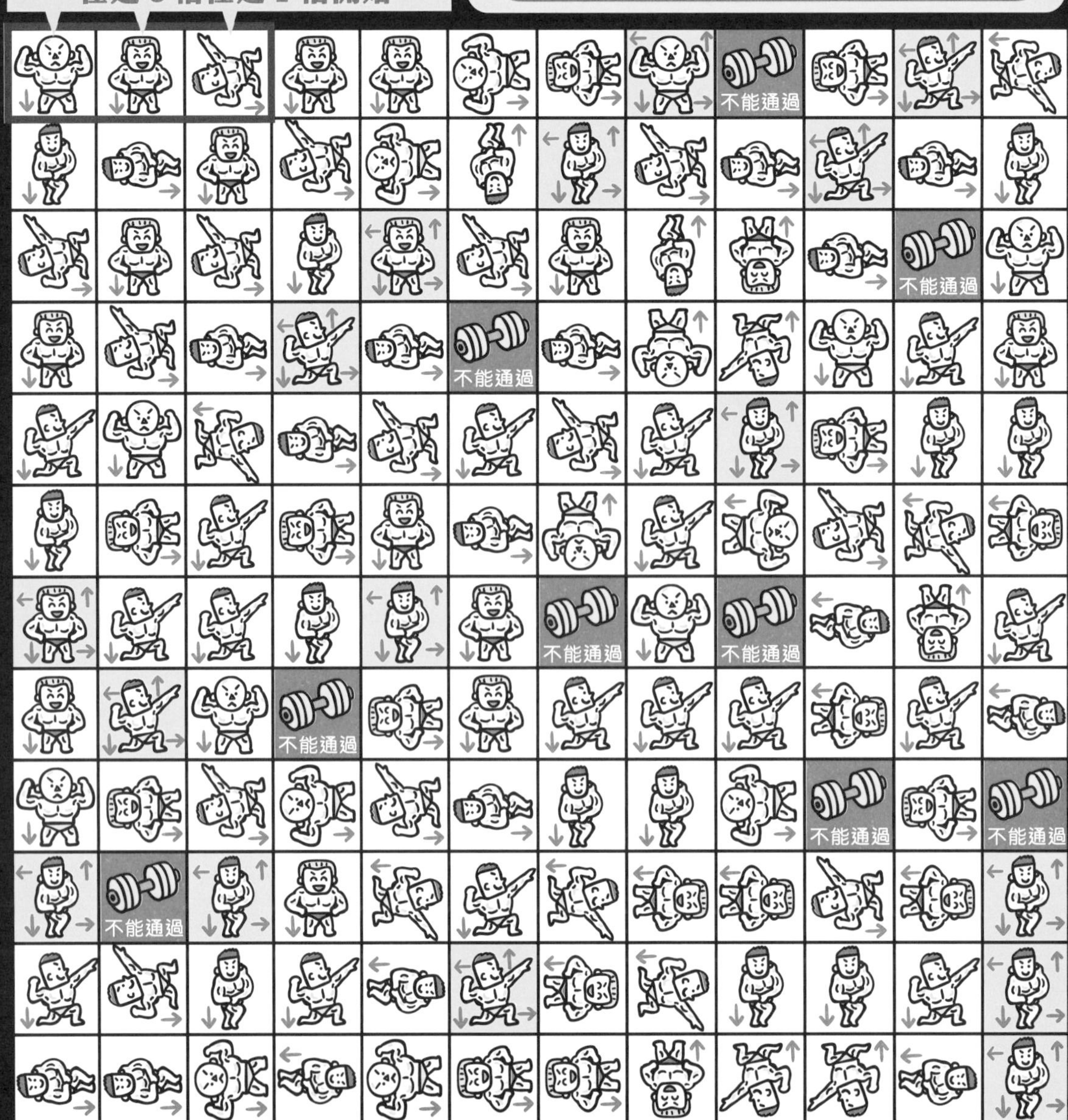

終點！

答案在47頁

超超超難！！！！！！

33

拯救真正的公主！

追捕犯人迷宮

城堡裏的公主被壞人抓走了，快找尋犯人掉落的所有線索，並爬到屋頂救出真正的公主吧！途中如遇上假公主、士兵及狗等都不可以再前進了！同一個地方只可以經過一次。

犯人掉下線索的房間

- 由最下數起第四層，左起第三間房
- 由最下數起第六層，左起第三間房
- 由最下數起第三層，左起第四間房

真公主的裝扮

- 金色的皇冠
- 白色的手套
- 方形的胸針

答案在47頁

超超超難！！！！！！

34 收集眾多糖果吧！

收集糖果迷宮

你要走一條可以收集最多糖果的迷宮路線到終點，途中如遇上小孩，要給他們想要的糖果數量才可通過。到達終點時，每種糖果要有右圖的數量才算合格，還要緊記路線不可以重複。

糖：15顆

曲奇餅：10塊

蛋糕：5件

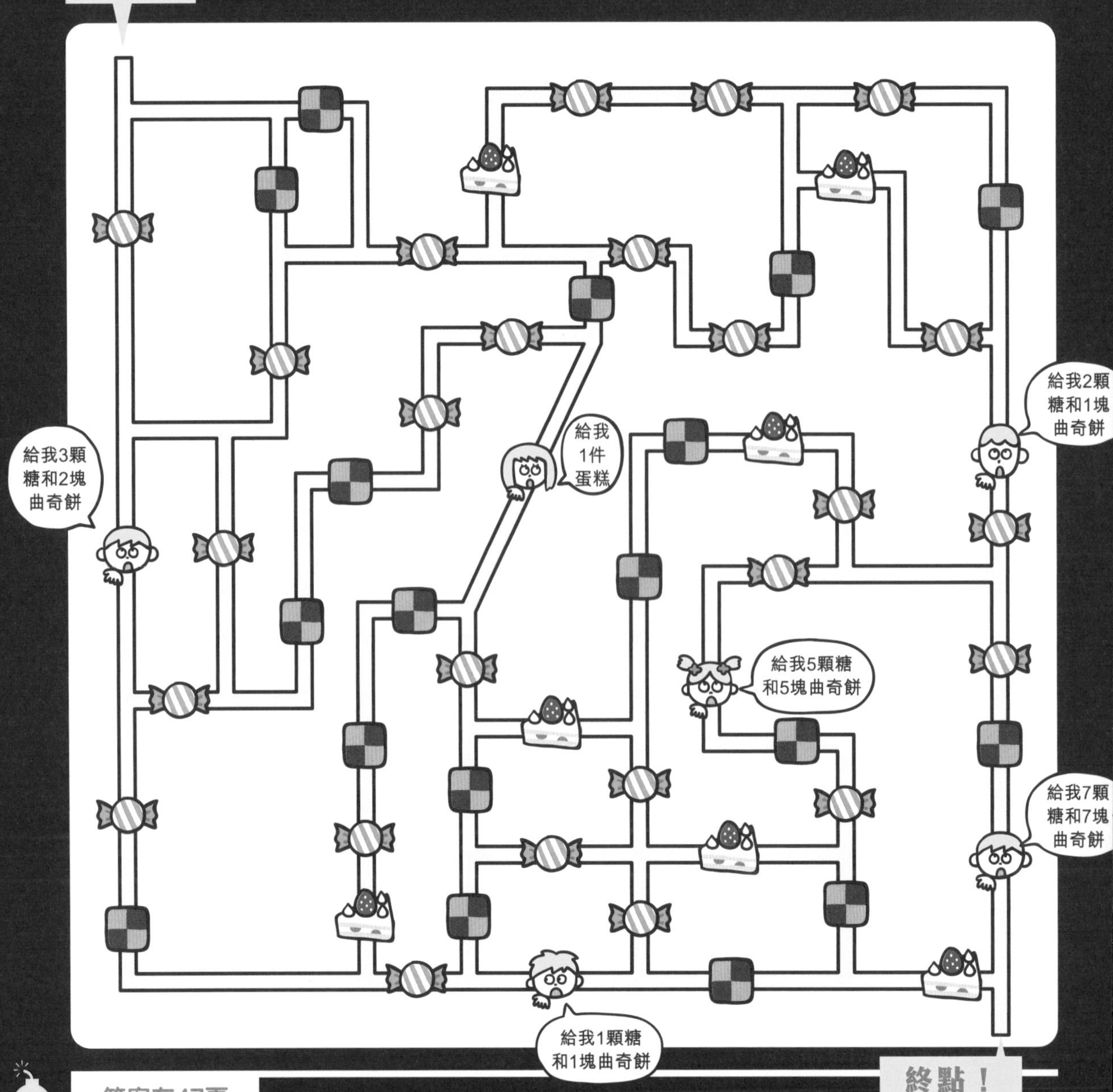

答案在47頁

超超超難！！！！！！

35 贏了才可以前進！

猜拳迷宮

下面有一顆畫有包、剪、槌的骰子，骰子的圖案要贏過迷宮上的格子才可以前進，途中不可以斜走，也不可以重複路線。

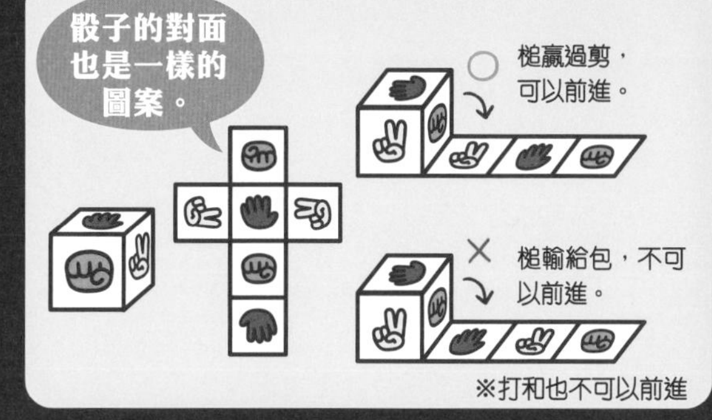

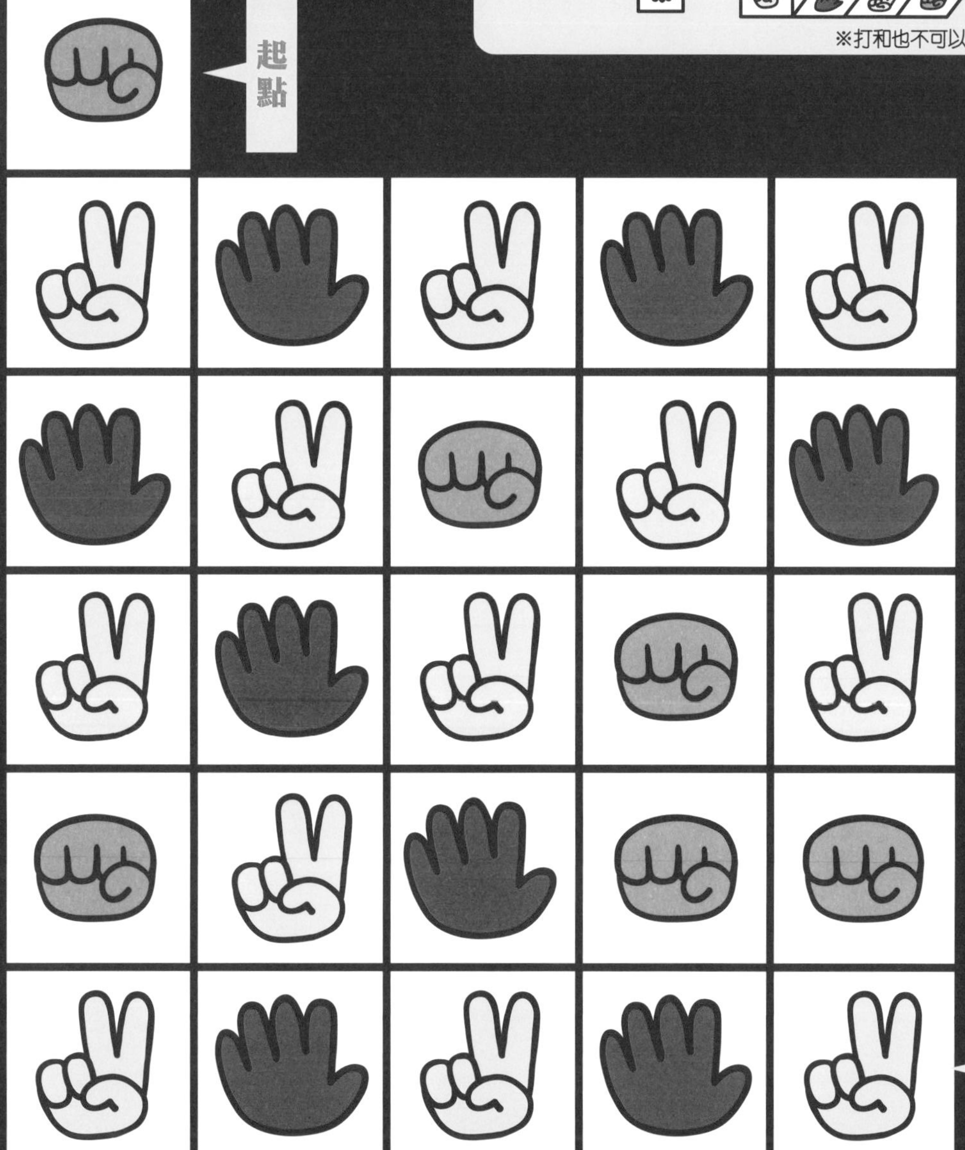

答案在47頁

超超超難！！！！！！

36

組合木板過河吧！

過河拼圖迷宮

由起點開始，一邊組合木板架橋，一邊過河走到終點吧！架橋所用的木板就如右圖顯示，注意組合的方法和數量，以免最後數量不足夠架橋前進啊！

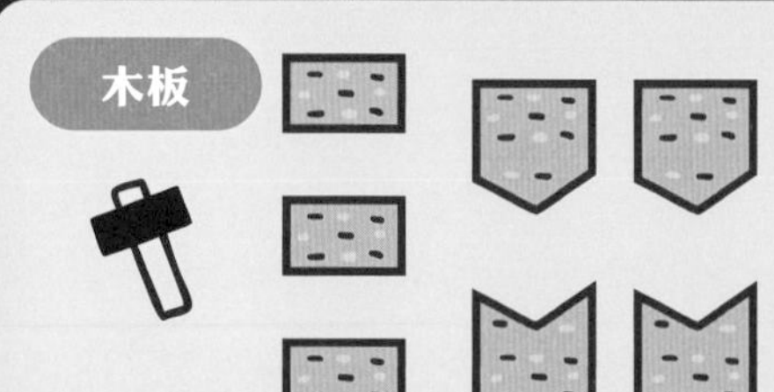

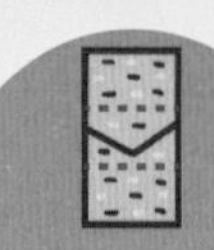

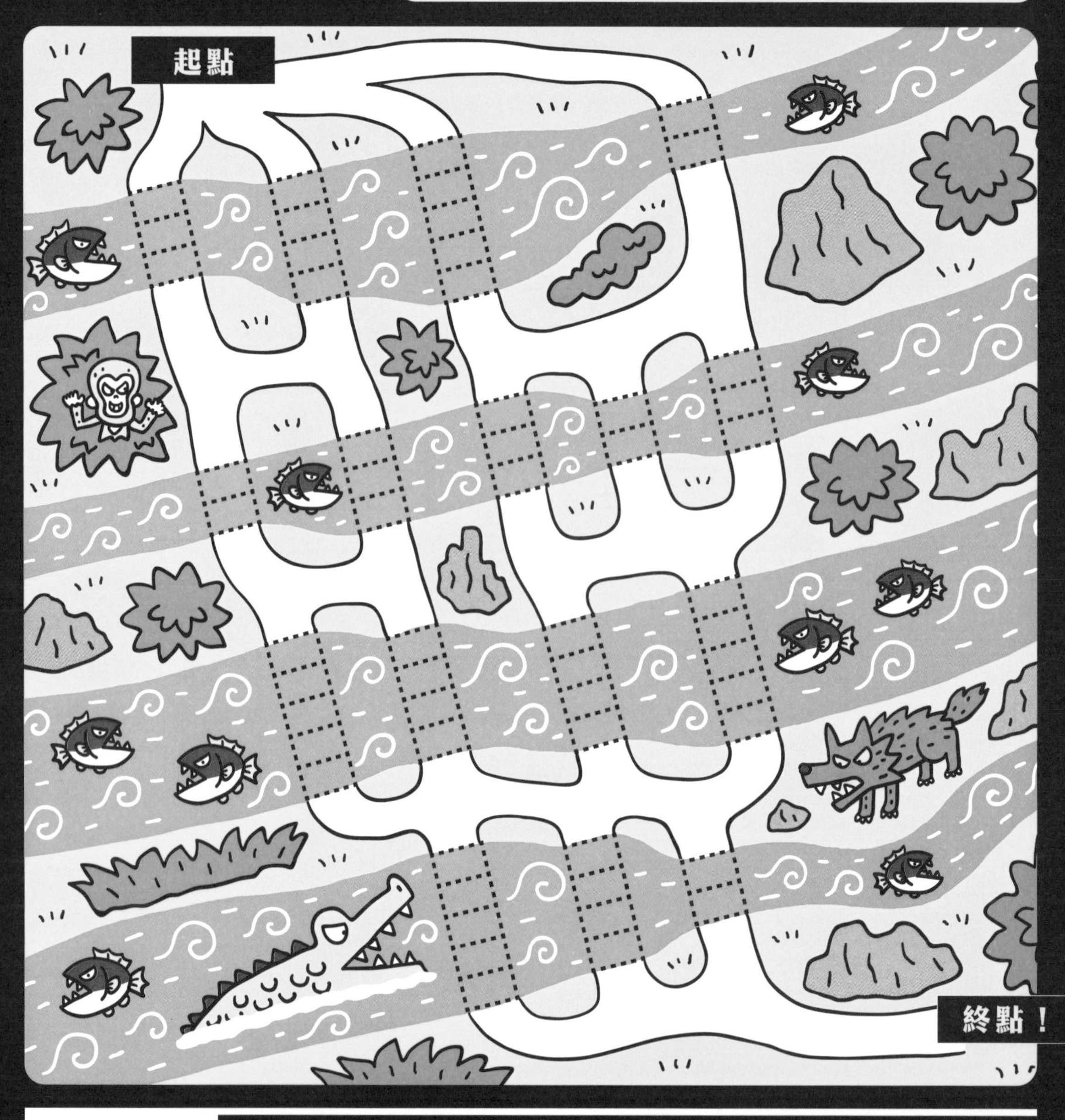

答案在47頁

向戰隊道歉吧!

壞蛋的謝罪迷宮

這個迷宮分開了三個部分，上面的起點處是壞蛋頭目，他先要集合所有壞蛋手下，再走到中段收集所有送給戰隊的禮物，然後再到下面的迷宮，向各個戰隊成員送出禮物，走到終點，緊記路線不可以重複啊!

起點

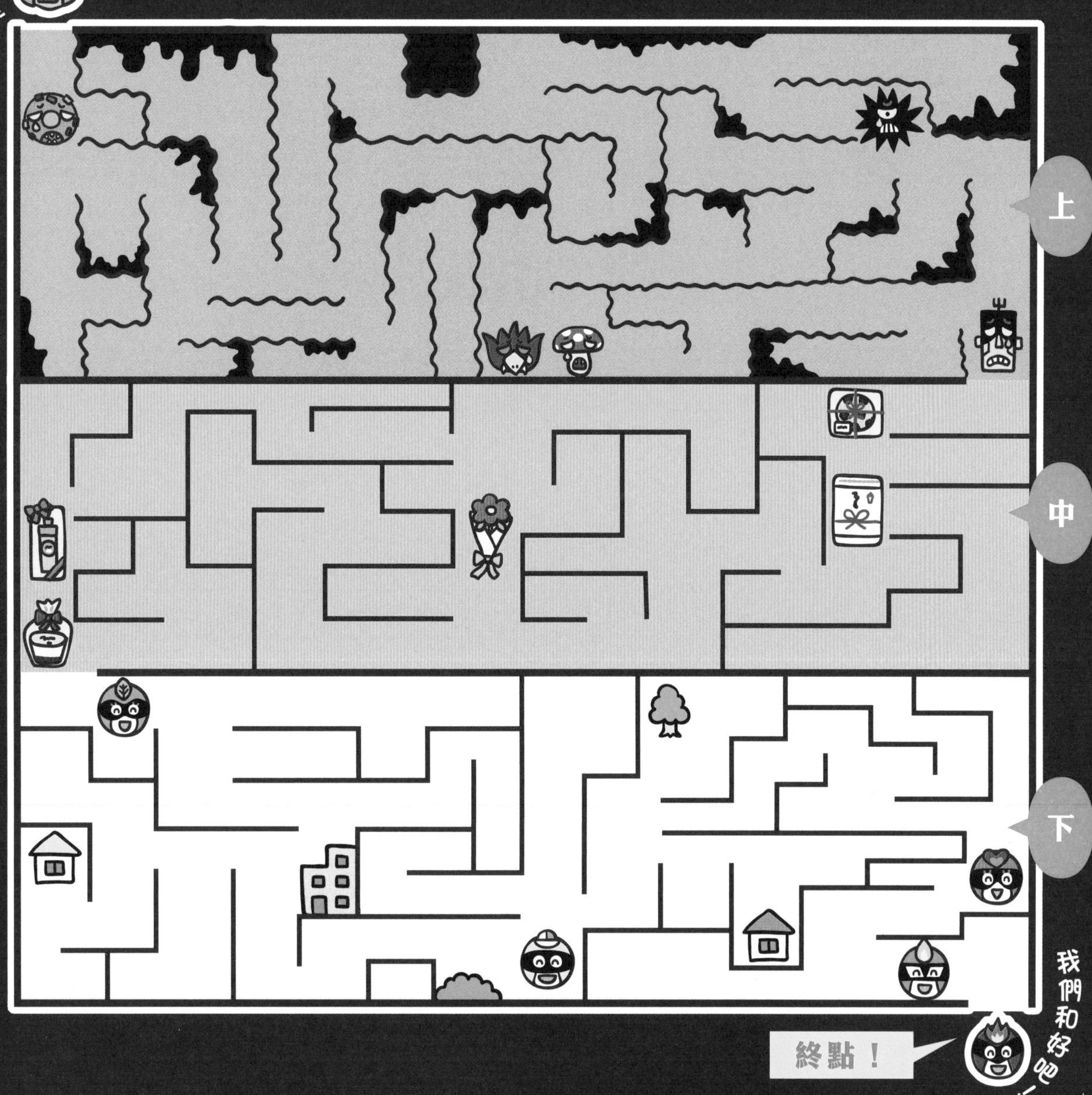

答案在48頁

超超超難！！！！！！

找出不同，向前進發！

38 女巫魔法屋迷宮

下面有兩間外型一樣的女巫魔法屋，你要由屋頂開始，一邊找不同一邊走到終點。兩間屋子共有七個不同之處，要找出錯處才能通過該處，而且路線不能重複。

答案在48頁

39 充滿謊言！「別道聽途說！」迷宮

這裏有很多人告訴你怎樣可以走到終點，不過，如果所有人的話都聽，反而是走不到終點的！緊記藍髮人的說話不要聽，聽黃髮人的話，跟從他們的指示，走到終點吧！途中路線不可重複。

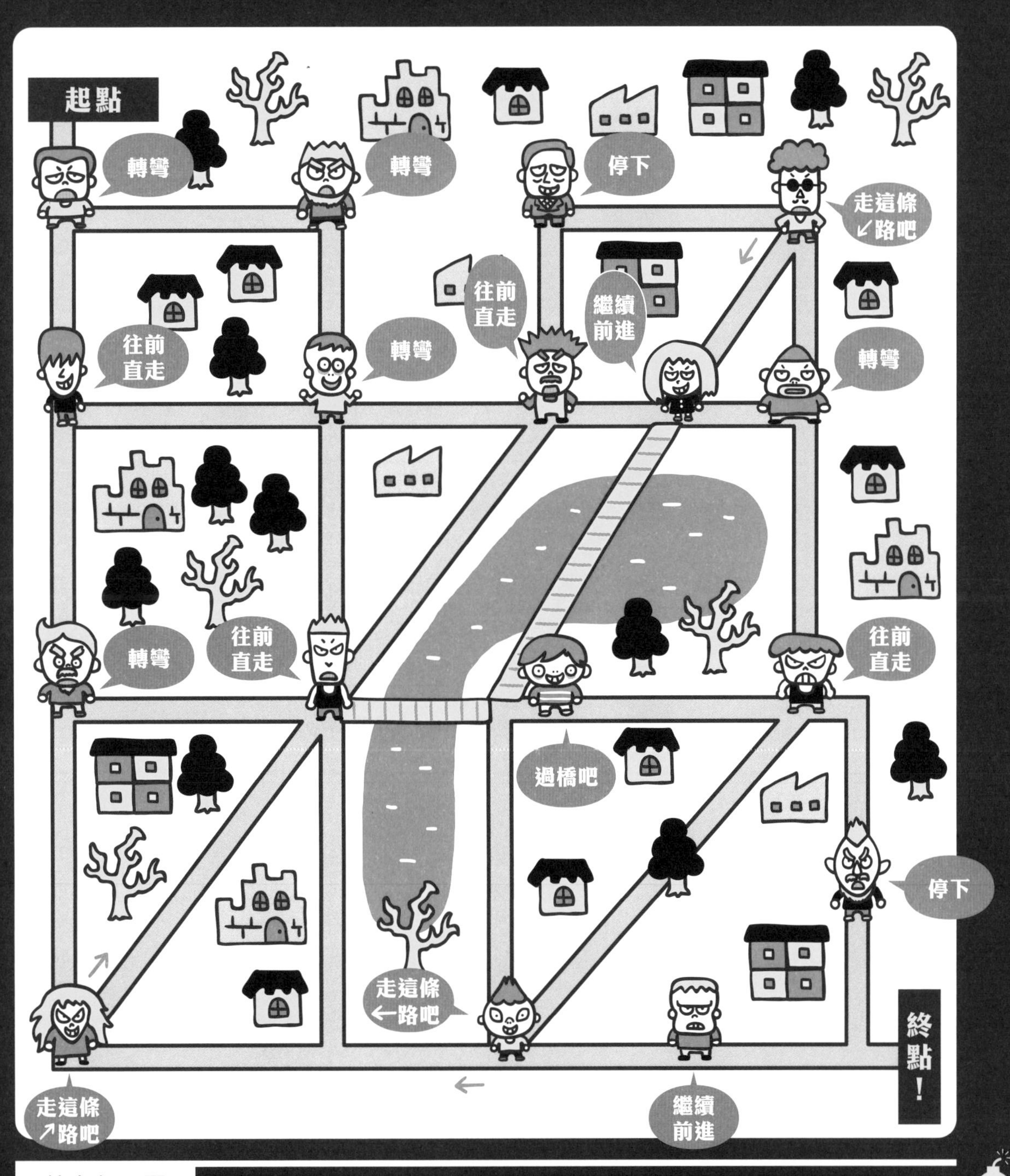

答案在48頁

超超超難！！！！！！

40 由蝌蚪長大成青蛙！

蝌蚪成長迷宮

由蝌蚪開始，慢慢長大成青蛙走到終點，行走的路線要跟右圖那樣，如遇上蛇就不能前進，同一格也不能重複通過。

蝌蚪區	長出後腳的蝌蚪區	青蛙區	✕
打斜前進	必須跳1格打斜前進	必須跳2格打斜前進	有蛇的地方不可以跳格前進

起點

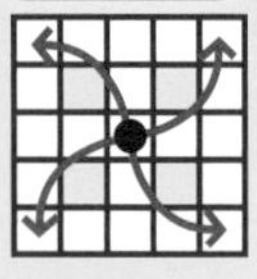

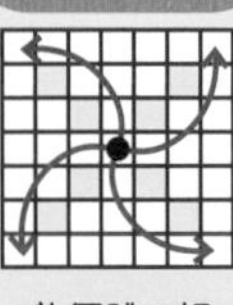

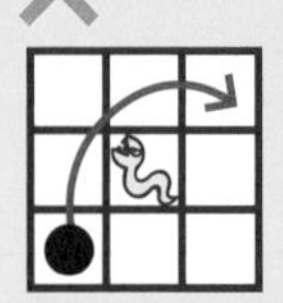

此區終點

此區終點

成長！

終點！

答案在48頁

超超超難！！！！！！

41 千萬不要被追到！

逃離惡鬼魔掌迷宮

惡鬼正在以超快的速度追上來！你要誘導惡鬼走哪條路，才能讓你趕及回家呢？惡鬼的前進速度很快，你走 1 格，他走 11 格，所以要找出最遠又不重複的路，誘導惡鬼去走，讓你有足夠時間安全回家。

終點！

5

4

3

2

1

你

起點

答案在48頁

超超超難！！！！！！

42 尋找大屋的寶藏！

地圖碎片迷宮

小鎮的地圖上顯示着藏寶大屋的位置，可是現在被撕成幾分了。請你在腦海內整合地圖，由起點開始走到終點，找出大屋的所在地吧！

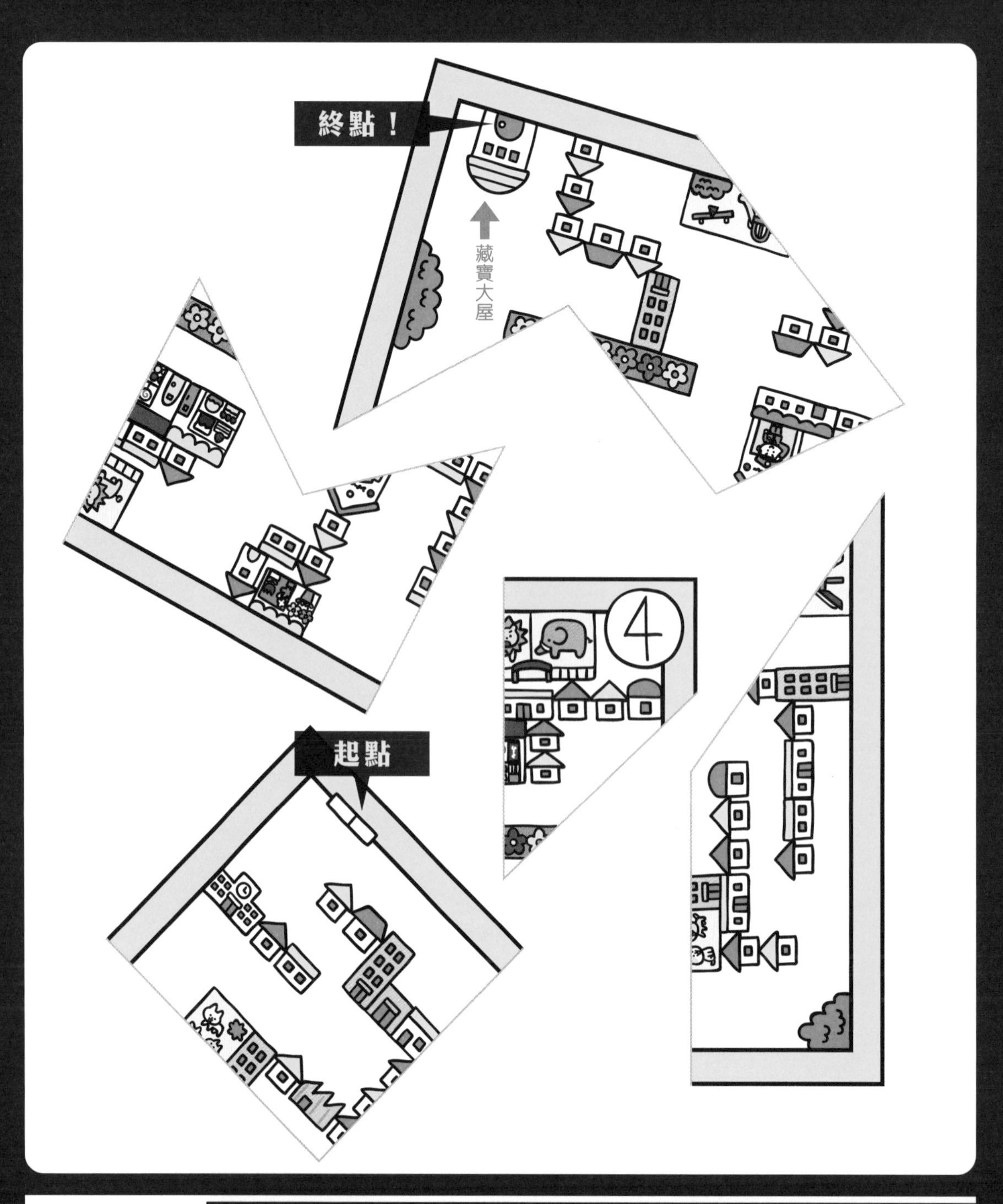

答案在48頁

超超超難！！！！！！

43

小心猛獸！

逃出熱帶草園迷宮

参看下面的三張小地圖，確認猛獸（獅子、鱷魚、熊）的位置，揀選沒有猛獸的路線，由起點走到終點吧！

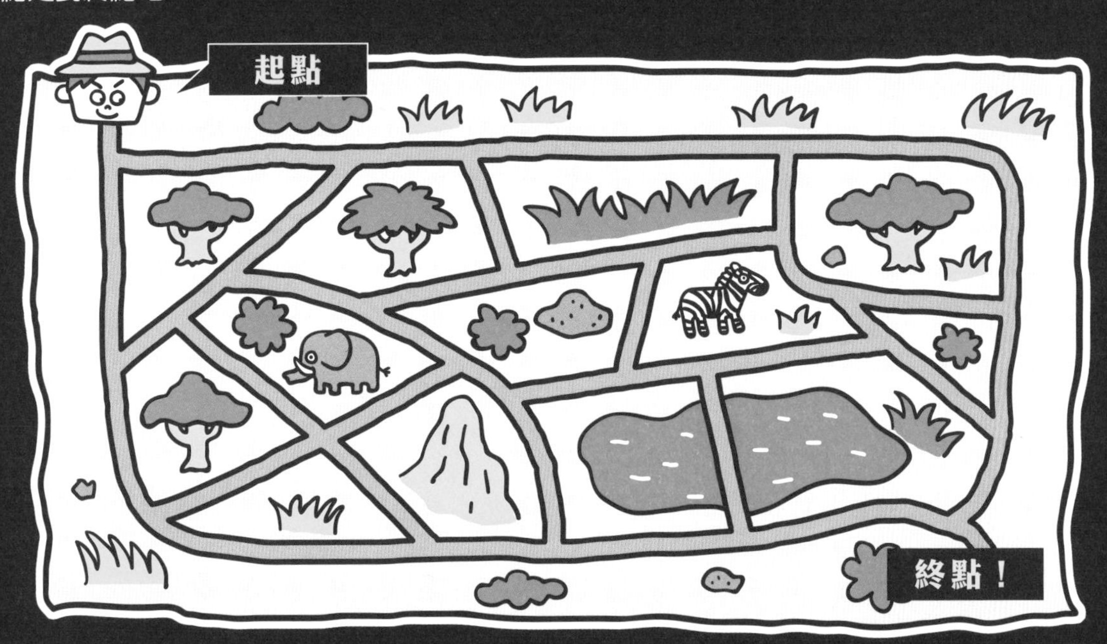

猛獸所在位置

答案在48頁

超超超難！！！！！！

44

一定要遵守規則！

規矩多多之國迷宮

這個國家有很多規矩，你要跟從右邊的規則，在路線不重複的情況下，由起點走到終點！

規矩多多之國的規則

- 要經過過最窄的道路！
- 要經過兩個或以上的花圃！
- 要跟城內的所有人打招呼！
- 要經過最少一個水池！

起點

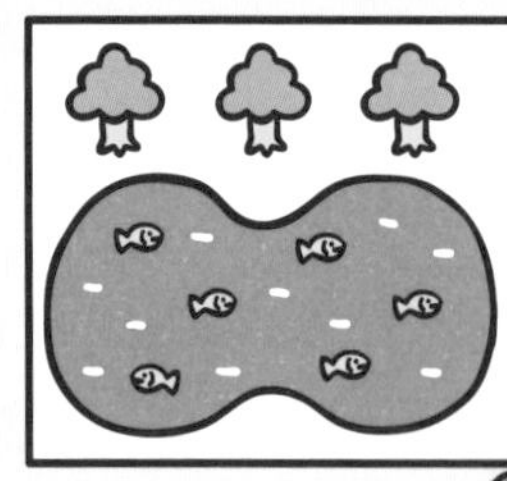

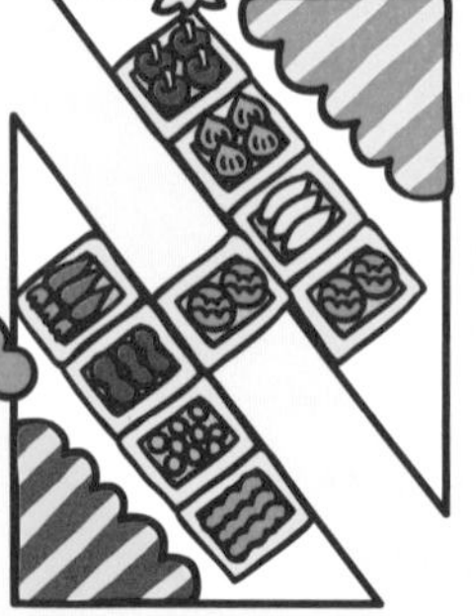

終點！

答案在48頁

迷宮答案 ※部分迷宮有多個答案，這裏的答案只屬其中一個例子。

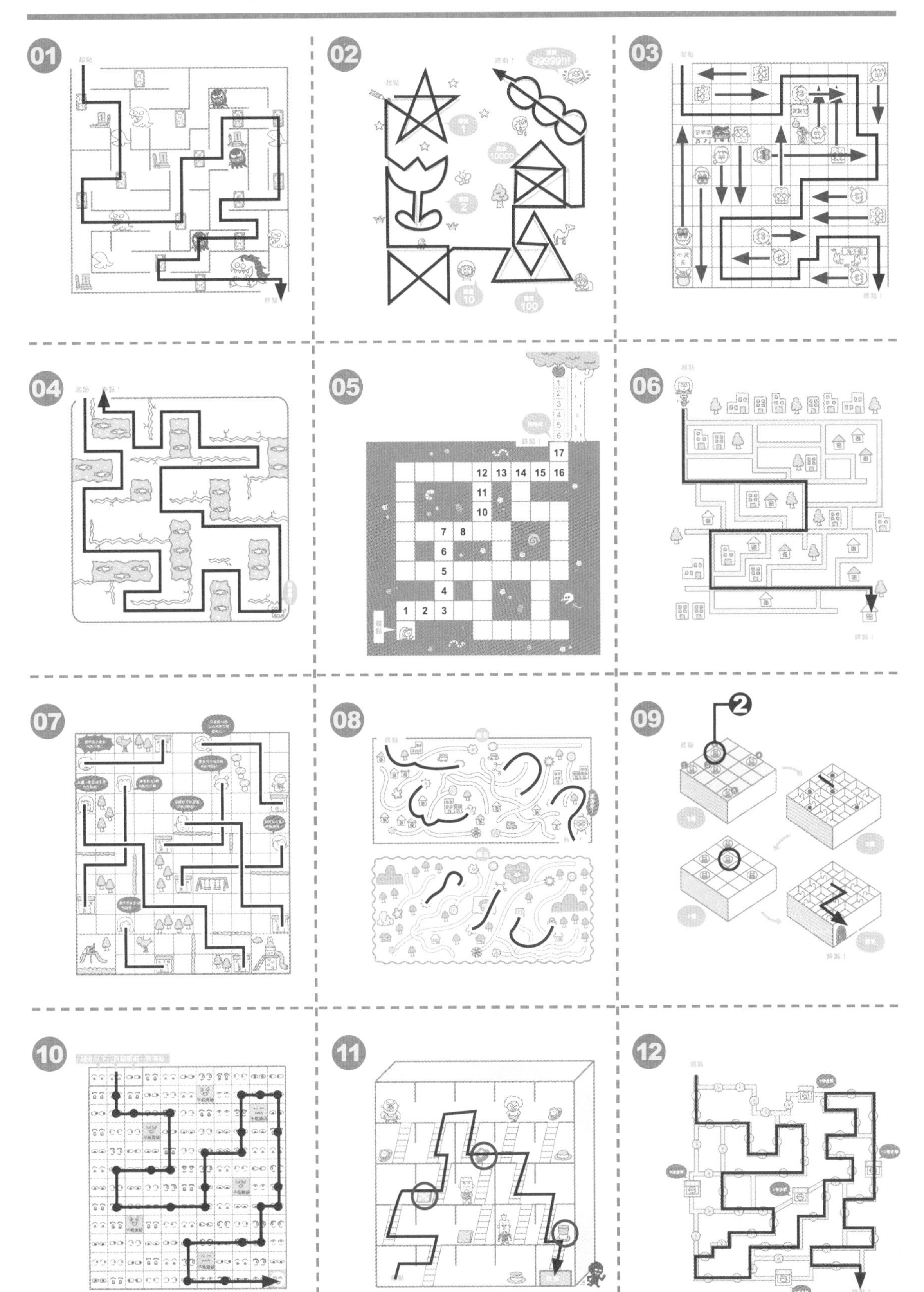

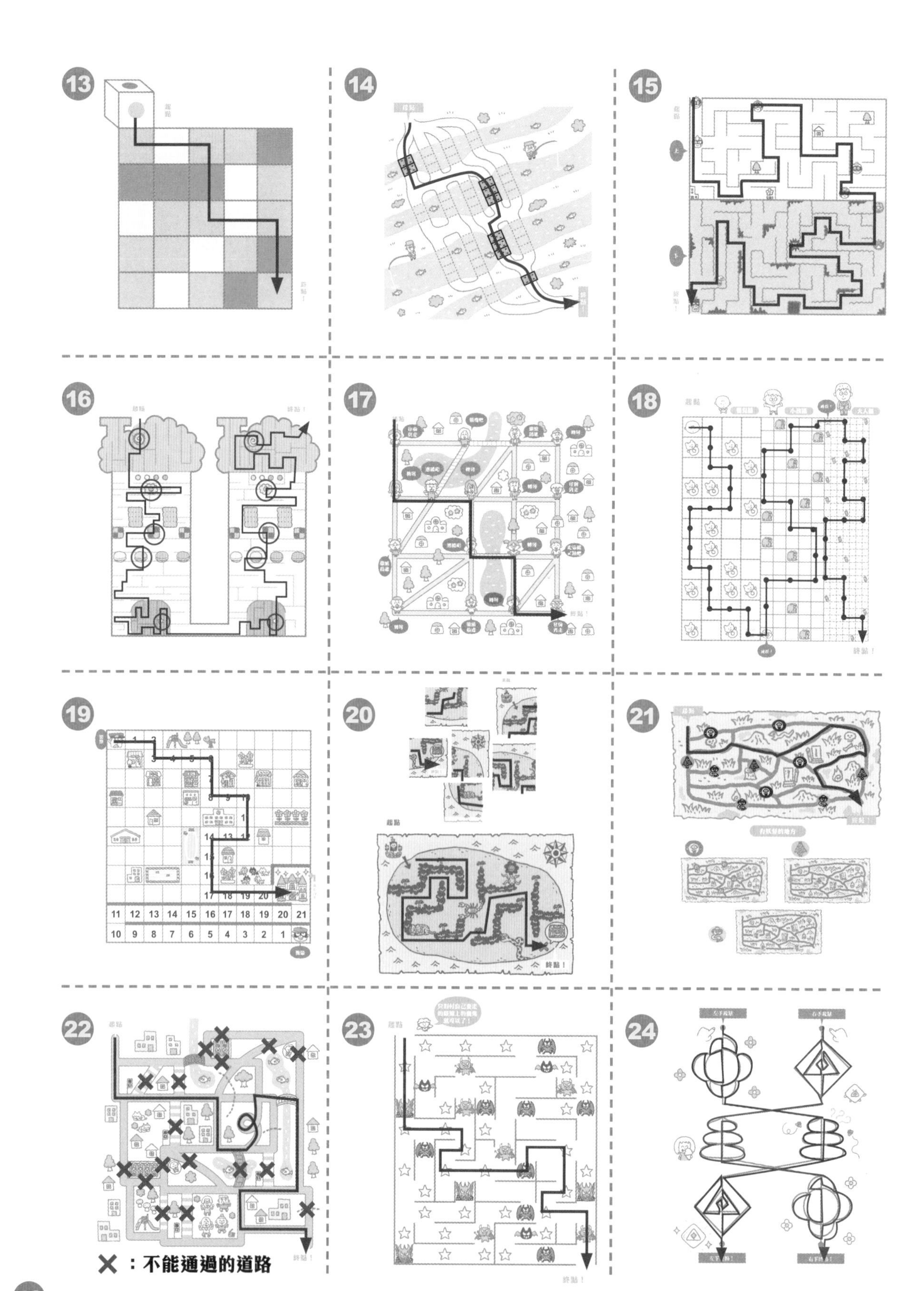
✕：不能通過的道路

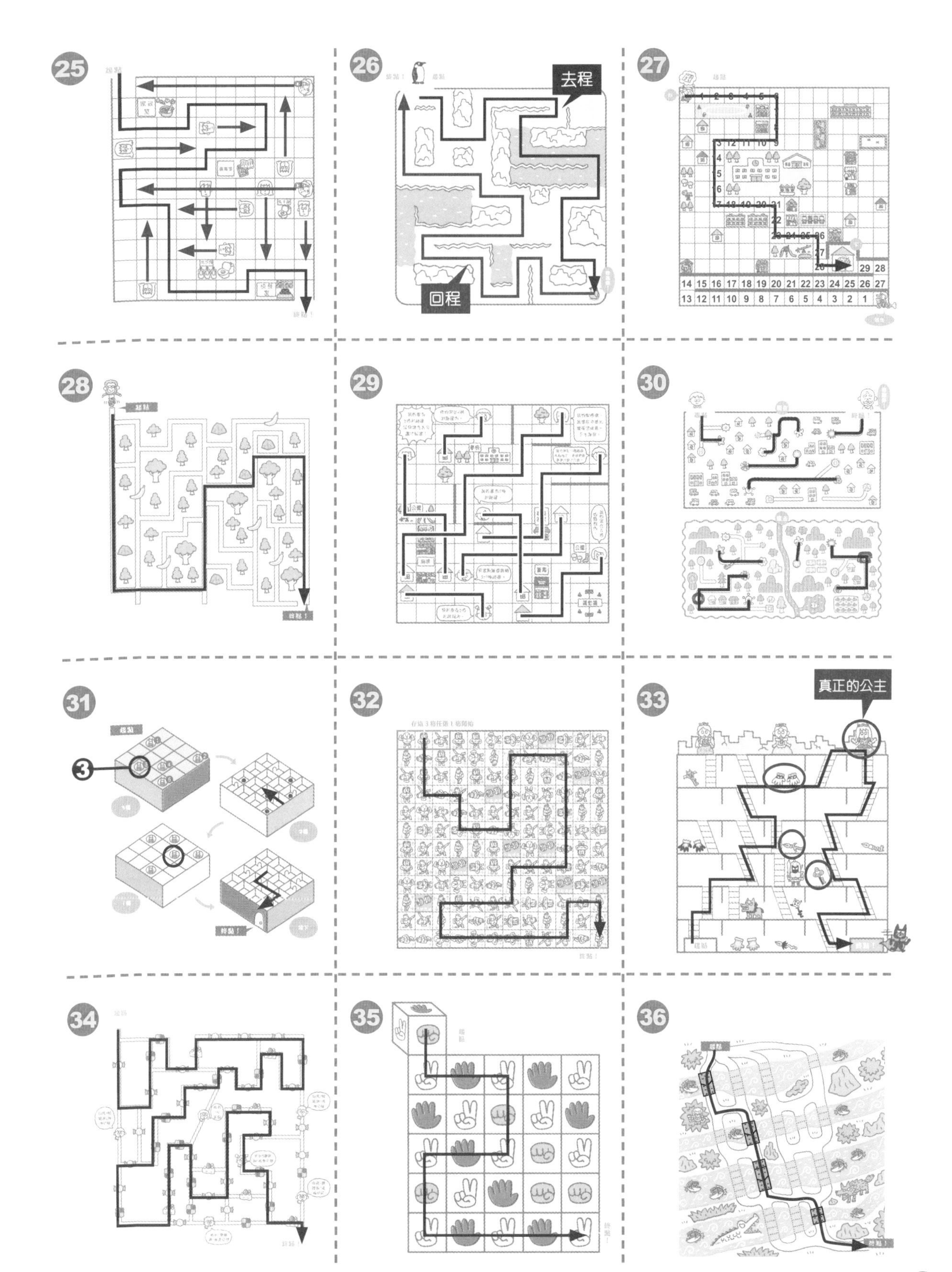
25
26
去程
回程
27
14 15 16 17 18 19 20 21 22 23 24 25 26 27
13 12 11 10 9 8 7 6 5 4 3 2 1
28
29
30
31
32
33
真正的公主
34
35
36

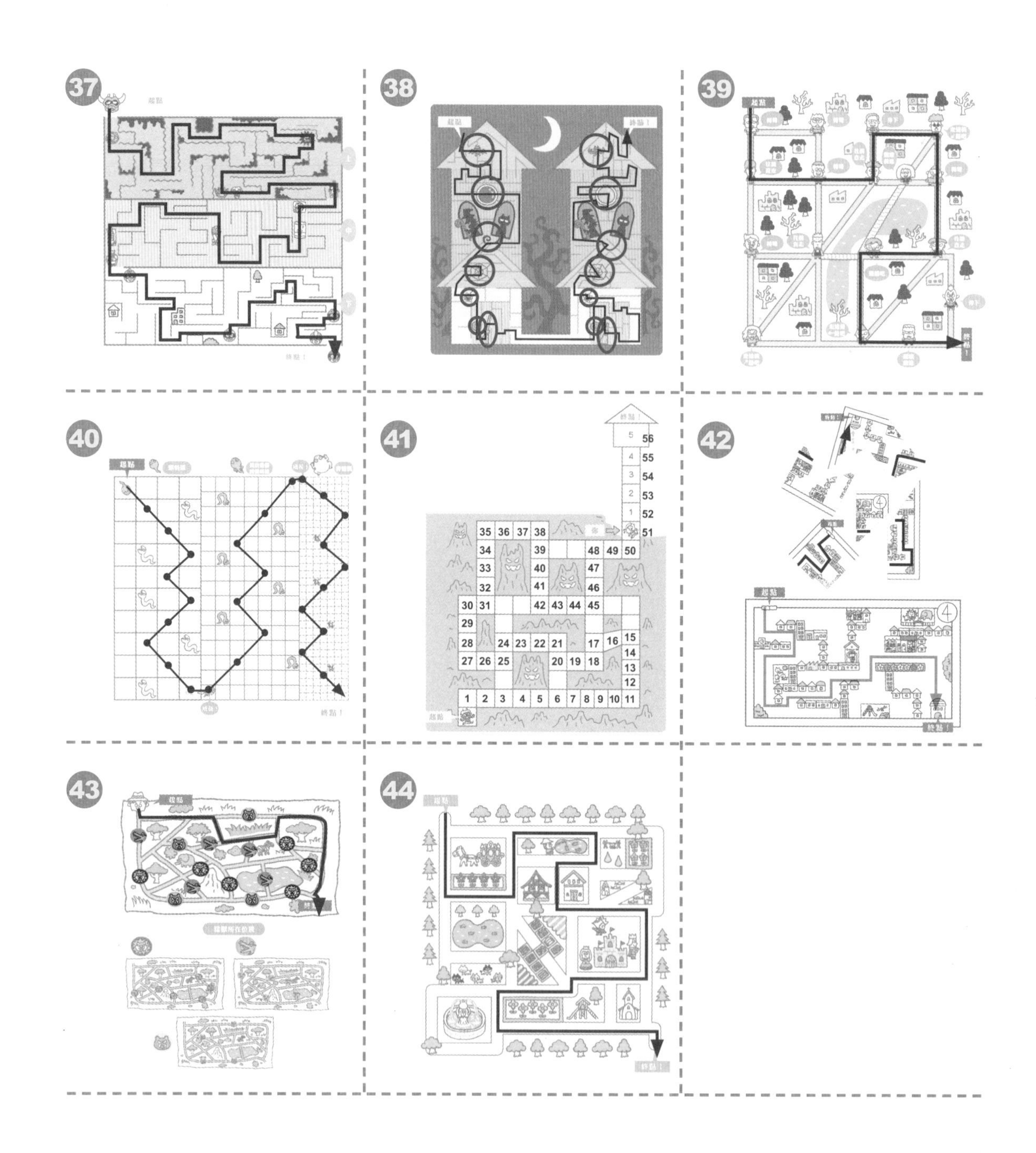

全都成功走到
終點了嗎？